《建设工程监理规范》GB/T 50319—2013 应用

园林监理员资料编制与工作用表填写范例

张 琦 主编

中国建筑工业出版社

图书在版编目（CIP）数据

园林监理员资料编制与工作用表填写范例/张琦主编. — 北京：
中国建筑工业出版社，2013.12
《建设工程监理规范》GB/T 50319—2013 应用
ISBN 978-7-112-16146-1

Ⅰ.①园… Ⅱ.①张… Ⅲ.①园林-工程施工-监理工作-资
料-编制-范文②园林-工程施工-监理工作-表格-范文 Ⅳ.①
TU986.3

中国版本图书馆 CIP 数据核字（2013）第 284196 号

本书根据《建设工程监理规范》GB/T 50319—2013、《建设工程文件归档整理规
范》GB/T 50328－2001 等国家最新规范及最新实例编写。内容共四章，分为园林工程
监理知识、园林监理员资料管理、园林监理员工作表格填写范例、园林工程监理验收
和资料归档管理。

本书可供园林工程监理人员及资料编制与管理人员使用，也可供相关专业大中专
院校师生参考使用。

责任编辑：岳建光　张　磊
责任设计：李志立
责任校对：陈晶晶　刘　钰

《建设工程监理规范》GB/T 50319—2013 应用
园林监理员资料编制与工作用表填写范例
张　琦　主编
*
中国建筑工业出版社出版、发行（北京西郊百万庄）
各地新华书店、建筑书店经销
北京红光制版公司制版
北京中科印刷有限公司印刷
*
开本：787×1092 毫米　1/16　印张：11　字数：265 千字
2014 年 3 月第一版　2014 年 3 月第一次印刷
定价：**28.00** 元
ISBN 978-7-112-16146-1
（24864）

编　委　会

主　编：张　琦

参　编：王红微　张　静　夏　欣　张黎黎

陶红梅　韩艳艳　陈　达　白雅君

齐丽娜

前　言

园林作为社会文明的一面镜子，最能反映当前社会的环境需求和精神文化的需求，是城市发展的重要基础，是现代城市进步的重要标志。随着社会的发展，人们对周围生活环境的要求越来越高，园林事业的发展也就呈现出更被重视的趋势。

随着城市环境和生态建设的被重视，搞好园林建设就变得尤为重要。因此，园林建设工程必须培养大批懂技术、会管理的专业技术人才，使之既具备专业知识又具有操作实践技能。提高园林工程建设队伍的技术和管理水平，提高园林建设知识，成为社会发展的必然。园林工程施工过程中，施工资料是构建整个建设工程完整历史的基础信息，是建设工程不可缺少的技术档案，是反映园林绿化工程质量和工作状况的重要依据，也是评定园林工程质量等级的依据，是单位工程日后养护、维修、改造更新的重要档案材料。

工程资料的形成，涉及工程项目的诸多相关单位，各单位相互配合形成一套完整的从开工到竣工的工程资料，这些单位包括建设单位，勘察、设计单位，监理单位，施工单位，城建档案管理单位等。本书根据《建设工程监理规范》GB/T 50319—2013 等国家最新规范、标准及实例编写，书中详细地讲解园林工程施工过程中资料的管理、工作用表的填写以及在此过程中各部门、单位的基本职责。

本书内容由浅入深，简明扼要，通俗易通，具有很强的实用性，通过大量的具体实例更好地让阅读者理解掌握，可供园林工程监理人员及资料编制与管理人员使用，也可供相关专业大中专院校师生参考使用。

限于编者水平有限以及编著时间紧迫，书中疏漏及不当之处在所难免，敬请广大读者和有关专家批评指正。您若对本书有什么意见、建议或图书出版方面的意愿、想法，欢迎致函 289052980@qq.com 交流沟通！

目　　录

1 园林工程监理知识

1.1 园林工程监理概述

1.1.1 园林工程监理概念

监理是指有关执行者根据一定的行为准则，对某些行为进行监督管理，使得这些行为符合准则要求，并协助行为主体实现其行为目的。

工程监理既是确保园林工程施工质量的重要环节，也是工程施工中所必需的环节。所谓建设监理就是在工程建设中设置专门的部门机构，指定具有一定资质的监理执行者，根据建设行政法规和技术标准，运用法律、经济或技术手段，对工程建设参与者的行为及其责、权、利进行约束及协调，以确保工程建设进度和质量的一项专门性工作。而执行这种职能的专门机构就叫作监理单位。

我国颁布的《工程建设监理规定》指出：工程建设监理是指监理单位受项目法人的委托，依据国家批准的工程项目文件、有关工程建设的法律、法规，以及工程建设监理合同及其他工程建设合同，对工程建设实施的监督管理。因此，园林工程监理活动主要是围绕工程项目来进行的，它的对象为新建、改建和扩建的各种园林工程项目。就过程来看，重点在园林工程项目的设计阶段、招标阶段、施工阶段、竣工验收阶段及保养阶段。

园林工程施工监理是指专业化与社会化的园林工程监理单位，经项目建设业主或单位的委托或授权后，按照国家相关的项目建设文件、相关法规、项目监理合同及其他工程建设合同，针对园林工程项目施工所进行的，以确保实现项目投资目的的微观性监督管理活动。

监理单位作为工程建设监理的主体，具有独立性、服务性、公正性、科学性以及专业化的特点，通常作为工程项目实施的第三方出现，是基于业主的委托和授权，也就是业主和监理单位通过合同关系来进行监理活动。

作为直接为园林工程施工提供管理服务的行业，施工监理的监理客体包括新建、改建和扩建的各种园林工程施工项目。其监理的行为主体则是社会化、专业化的园林建设监理单位及其监理工程师。

1.1.2 园林工程监理依据和工作任务

工程建设监理，其目的是为实现工程建设项目目标。也就是说全过程的工程建设监理要争取在计划的投资、进度和质量目标内全面实现建设项目的总目标；阶段性的工程建设监理要争取实现本阶段建设项目的目标。

1. 园林工程建设监理的依据

（1）工程建设文件

其中包括：建设项目选址意见书、批准的可行性研究报告、建设用地规划许可证、建设工程规划许可证、批准的施工图设计文件、施工许可证等。

（2）相关的法律、法规、规章和标准、规范

其中包括：《中华人民共和国建筑法》、《中华人民共和国合同法》、《中华人民共和国招标投标法》、《建设工程质量管理条例》等法律法规，《工程建设监理规定》等部门规章，以及地方性法规等，同时也包括《工程建设标准强制性条文》，《建设工程监理规范》GB/T 50319—2013以及相关的工程技术标准、规范、规程。

（3）建设工程委托监理合同以及相关的建设工程合同

相关的建设工程合同包括：咨询合同、勘察合同、设计合同、施工合同以及设备采购合同等。

2. 园林工程建设监理的中心工作任务

工程建设监理的中心任务就是有效地对工程建设项目的目标进行协调控制，即对投资目标、进度目标和质量目标有效地进行协调控制。中心任务的完成是通过各阶段具体的监理工作任务的完成来实现的。监理工作任务的划分，如图1-1所示。

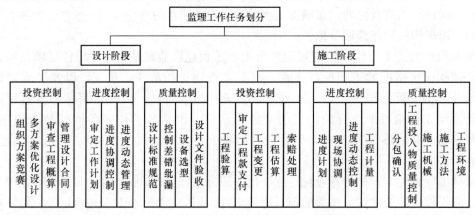

图 1-1　监理工作任务划分

1.1.3　园林工程监理性质与原则

1. 园林工程监理性质

工程建设监理是一项特殊的工程建设活动，《中华人民共和国建筑法》第三十二条规定："建筑工程监理应当依据法律、行政法规及有关的技术标准、设计文件和建筑工程承包合同，对承包单位在施工质量、建设工期和建设资金使用等方面代表建设单位实施监督"。所以要充分理解我国工程建设监理制度，就必须深刻认识建设监理的性质。

（1）服务性

工程建设监理活动是一种高智能、有偿的技术服务活动。它是监理工作人员利用自己的工程建设知识、技能以及经验为建设单位提供管理服务。它既与承建商的直接生产活动不同，也不同于建设单位的直接投资活动，它不向建设单位承包工程造价，不参与承包单位的利益分红，它获得的只是技术服务性的报酬。

工程建设监理工作的服务客体是建设单位的工程项目，而服务对象则是建设单位。这种服务性的活动是严格按照监理合同和其他有关工程建设合同来进行的，是受法律约束及保护的。

（2）科学性

工程建设监理应当遵循科学性准则。监理的科学性在于其工作的内涵是为工程管理及工程技术提供知识性的服务。监理的任务决定了其应当采用科学的理论、思想、方法及手段；监理的社会化、专业化特点则要求监理单位根据高智能原则组建；监理的服务性质决定了它应当向建设单位提供科技含量高的管理服务；而工程建设监理维护社会公众利益和国家利益的使命则决定了它必须提供科学性的服务。

监理的科学性主要表现在：工程监理单位应当由组织管理能力强、工程建设经验丰富的工作人员担任领导；应当拥有足够数量的有丰富的管理经验及应变能力强的监理工程师组成的骨干队伍；要有一套健全的管理体系制度；要有现代化的管理手段；要掌握先进的管理理论、方法及手段；要积累足够的技术、经济资料以及数据；要有科学的工作态度与严谨的工作作风；要实事求是、创造性地开展监理工作。

（3）公正性

工程监理单位不仅是为建设单位提供技术服务的一方，还应当成为承建商与建设单位之间的公正的第三方。在任何时候，监理方都应根据国家法律、法规、技术标准、规范、规程和合同文件站在公正的立场上进行判断、证明，并行使自己的权利，要维护建设单位与被监理单位双方的合法权益。

（4）独立性

从事工程建设监理工作的监理单位是直接参与工程项目建设的"三方当事人"之一，它同项目建设单位、承建商之间的关系是一种平等的主体关系。

《中华人民共和国建筑法》中明确指出，工程监理单位应当根据建设单位的委托，客观、公正地执行其监理任务。《工程建设监理规定》和《建设工程监理规范》GB/T 50319—2013要求工程监理单位按照"公正、独立、自主"的原则开展监理工作。

根据独立性要求，工程监理单位应当严格地遵循相关法律、法规、规章、工程建设文件、工程建设技术标准、建设工程委托监理合同、相关的建设工程合同等规定实施监理活动；在委托监理的工程中，与承建单位不得有隶属关系以及其他利益关系；在开展工程监理工作的过程中，必须建立自己的组织，按照自己的工作计划、程序、流程、方法、手段，根据自己的判断，独立地实施监理。

2. 园林工程监理原则

（1）权责一致的原则

监理工程师为履行其职责而从事的监理活动，是按照建设监理法规和建设单位的委托与授权而进行的。监理工程师所承担的职责应与建设单位授予的权限相一致，即建设单位向监理工程师的授权，应以能确保其正常履行监理的职责为原则。

监理活动的客体是承包商的活动，但监理工程师同承包商之间并无经济合同关系。监理工程师之所以能行使监理职权，是依赖于建设单位的授权。而这种权力的授予，除体现在建设单位与监理单位之间签订的工程建设监理委托合同之外，还应作为建设单位与承包商之间工程承包合同的合同条件。所以，监理工程师在明确建设单位提出的监理目标和监理工作内容要求后，应与其协商，明确相应的授权，达成共识后，反映在监理委托合同及承包合同中。据此，监理工程师才能开展监理工作。

总监理工程师代表监理单位全面履行工程建设监理委托合同，承担合同中确定的监理方向业主方所承担的责任及义务。所以，在监理合同实施过程中，监理单位应给予总监理工程师充分的权限，体现权责一致的原则。

（2）公正、独立、自主的原则

在工程建设监理过程中，监理工程师必须尊重科学、尊重事实，组织各方协同配合，维护相关各方的合法权益。为使这一职能顺利实现，必须遵循公正、独立、自主的原则。业主与承包商虽然都是独立运行的经济主体，但他们所追求的经济目标有差异，各自的行为也有差别，监理工程师应在合同约定的权、责、利关系的基础之上，协调双方之间的一致性，也就是说，只有按合同的约定建成项目，业主才能实现工程投资的目的，承包商也才能实现自己生产的产品的价值，取得工程款和实现赢利。

（3）综合效益的原则

社会建设监理工作不但要考虑业主的经济效益，还必须考虑其与社会效益和环境效益的有机统一，应符合"公众"的利益。个别业主为牟取自身狭隘的经济利益，而不惜损害国家、社会的整体利益，比如有些工程项目存在严重的环境污染问题。工程建设监理虽然需经业主的委托和授权才得以进行，但监理工程师必须严格遵守国家的建设管理法规、法律、标准等，以高度负责的态度和责任感，既对业主负责，谋求最大的经济效益，又要对国家和社会负责，取得最佳的综合效益。只有在符合宏观经济效益、社会效益和环境效益的前提下，业主投资项目的微观经济效益才能得以实现。

（4）预防为主的原则

工程建设监理活动产生及发展的基础条件是拥有一批具有工程技术与管理知识和实践经验，精通法律和经济的专门性高素质人才，形成社会化、专门化、高智能化的工程建设监理单位，为业主提供服务。由于工程项目具有"单件性"、"一次性"等特点，使得工程项目在建设过程中存在很多风险，所以监理工程师必须具有预见性，并把工作重点放在"预控"上，"防患于未然"。在制定监理规划、编制监理细则与实施监理控制过程中，对工程项目投资控制、进度控制以及质量控制中可能发生的失控问题要有预见性及超前的考虑，制定相应的解决对策和预控措施予以防范。此外还应考虑多个不同的应对措施与方案，做到"事前有预测，情况变了有对策"，防止被动，才能做到事半功倍。

（5）实事求是的原则

监理工作过程中，监理工程师应尊重事实，以理服人。监理工程师的任何指令、判断都应有事实根据，有证明、检验、试验资料，这是最具有说服力的。因为经济利益或认识上的关系，监理工程师不应以权压人，而是应晓之以理。所谓"理"，即是具有说服力的事实依据，监理工程师要做到以"理"服人。

（6）严格监理、热情服务的原则

在处理自身与承包商的关系，以及处理业主与承包商之间的利益关系时，监理工程师应一方面严格坚持按合同办事，严格监理的要求；而另一方面，也应立场公正，为业主提供热情服务。

1.1.4 园林工程监理主要内容及监理方法

1. 监理主要内容

（1）工程项目准备阶段

1）投资策划。

2）进行项目可行性研究和编制项目建议书。

3）进行项目评估。

（2）项目实施准备阶段

1）项目审查、设计方案评选等。

2）协助业主选择勘测、设计单位，签订相关的合同，并监督合同的实施。

3）审查设计概预算。

4）在施工准备阶段，协助业主编制招标文件，评审投标书，提出定标建议，协助业主与中标单位签订承包合同，并核定施工设计图。

（3）工程项目施工阶段

1）协助业主与承包单位拟定开工报告。

2）确认承包单位所选择的分包单位。

3）审查施工单位递交的施工方案、施工组织设计。

4）审查施工方提出的施工材料、设备清单及规格、要求、质量标准。

5）协调建设方与承包方或相邻各方的关系、争议。

6）检查施工安全和中间作业验收。

7）工程设计变更的调整与确认。

8）监督工程进度，签署工程付款单。

（4）竣工验收阶段

1）监督工程验收技术档案材料的整理。

2）组织工程竣工预验收，提出竣工验收报告。

3）核查工程决算。

（5）项目保修养护阶段

项目保修养护负责检查工程质量状况，鉴定质量责任，监督后期保养工作。

2. 园林工程监理方法

建设工程监理的基本方法是一个系统，它是由若干个不可分割的子系统组成。它们相互联系，相互支持，共同运行，形成一个完备的方法体系。这就是目标规划、组织协调、动态控制、合同管理以及信息管理。

（1）目标规划

建设工程目标规划是以实现目标控制为目的的规划以及计划，它是围绕工程项目、进度与质量、投资目标进行研究确定、分解综合、安排计划、风险管理、制定措施等项工作的集合。而工程项目目标规划的过程是一个由粗到细的过程，它随着工程的进展，分阶段地按照可能获得的工程信息对前一阶段的规划进行细化、补充、修改以及完善。

建设工程目标规划工作主要包括正确地确定投资、进度、质量目标或者对已经初步确定的目标进行论证；依据目标控制的需要将各目标进行分解，使每个目标都形成一个既能分解又能综合满足控制要求的目标划分系统，便于实施控制；把工程项目实施的过程、目标与活动编制成计划，用动态的计划系统来规范和协调工程项目的实施，为实现预期目标构建一座桥梁，使项目协调有序地达到预期的目标；对计划目标的实现进行风险分析与管理，以便于采取针对性的有效措施进行主动控制；制定各项目标的综合控制措施，保证项目目标的实现。

（2）组织协调

组织协调与目标控制是密切相关的，协调的目的就是为了实现项目目标。在监理实施过程中，当设计概算超过投资估算时，监理工程师要与设计单位进行协商，使设计概算与投资限额之间达成一致，既要符合业主对项目的功能和使用方面的要求，又要力求使费用不超过所限定的投资额度；当工程施工进度影响项目运作的时间时，监理工程师就要与施工单位进行协调，或修改计划，或改变投入，或调整目标，直至制定出一个较理想的解决问题的方案为止；当发现承包单位的管理人员不称职，并给工程质量造成影响时，监理工程师要与承包单位进行协调，以便更换人员，保证工程的质量。

（3）动态控制

动态控制就是在完成工程项目的过程中，通过对过程、目标以及活动的跟踪，及时、全面、准确地掌握建设工程信息，并将实际目标值和工程建设状况同计划目标和状况进行对比；如果偏离了计划和标准的要求，就应采取相应措施加以纠正，以便计划总目标顺利实现。

动态控制是在目标规划的基础上针对各级分目标所进行的控制，以期达到实现计划总目标的目的。整个动态控制过程都是根据事先安排的计划来进行的。而一项好的计划首先应当是可行的、合理的，要经过可行性分析来保证计划在技术上可行、财务上可行、资源上可行、经济上合理；同时，也要通过必要的反复完善的过程，力求达到最优化的程度。

（4）合同管理

监理单位在工程建设监理过程中的合同管理主要是依据监理合同的要求对工程承包合同的签订、履行、变更以及解除进行监督、检查，对合同双方的争议进行调解和处理，以确保合同的依法签订和全面履行。

合同管理对于监理单位完成监理任务是十分重要的。根据国外经验，合同管理产生的经济效益往往要大于技术优化所产生的经济效益。一项工程合同，应当对参与建设项目的各方建设行为起到控制作用，同时也具体指导一项工程如何操作完成。因此，从这个意义上讲，合同管理起着控制整个项目实施的作用。

（5）信息管理

在实施监理的过程中，监理工程师要对所需要的信息进行收集、整理、处理、存储、传递、应用等一系列工作，这些工作的总称叫作信息管理。

为了进行有效的控制，全面、准确、及时地获得工程信息是非常重要的。这就需要建立一个科学的报告系统，利用这个报告系统来传递经过核实的准确、及时、完整的工程信息。工程信息的收集工作要由人来完成，工程信息的及时性需要相关人员对信息管理持主动积极的态度，而工程信息的准确性则要求管理人员要认真负责地去对待。这就要求监理工程师能够事先掌握存在的问题并对工程状况事先进行预测。只有熟悉工程项目的实际情况并进行研究，才能对来自各方面的信息进行分析、判断、去伪存真，掌握有用的信息，对众多的费用、时间和质量等方面的信息必须进行加工、处理、分类和归纳。

1.1.5 园林工程监理工作步骤

1. 获得监理任务

建设监理单位获得监理任务主要有以下方式：

（1）业主点名委托。

（2）通过协商、议标委托。

（3）通过招标、投标，择优委托。监理单位应编写监理大纲等相关文件，参加投标。

2. 签订监理委托合同

按照国家统一文本签订监理委托合同，明确委托内容及双方各自的权利、义务。

3. 成立项目监理组织

建设监理单位在与业主签订监理委托合同之后，依据工程项目的规模、性质及业主对监理的要求，委派称职的监理人员担任项目的总监理工程师，代表监理单位全面负责该项目的监理工作。要求总监理工程师对内向监理单位负责，对外向业主负责。

在总监理工程师的具体领导下，组建项目的监理班子，并按照签订的监理委托合同，制定监理规划以及具体的实施计划（监理实施细则），开展监理工作。

一般情况下，监理单位在承接工程项目监理任务时，在参与项目监理的投标、拟订监理方案（大纲），以及与业主商签监理委托合同时，就应选派称职的监理人员主持该项工作。在监理任务确定并签订监理委托合同之后，该主持人员即可作为项目总监理工程师。这样，项目的总监理工程师在承接任务阶段就已经介入，更能了解业主的建设意图以及对监理工作的要求，并能更好地与后续工作进行衔接。

4. 资料收集

收集相关资料，作为开展建设监理工作的依据。

（1）反映工程项目特征的有关资料，主要包括以下几个内容：

1）工程项目的批文。

2）规划部门关于规划红线范围与设计条件通知。

3）土地管理部门关于准予用地的批文。

4）批准的工程项目可行性研究报告或设计任务书。

5）工程项目地形图。

6）工程项目勘测、设计图纸及有关说明。

（2）反映当地工程建设政策、法规的有关资料，主要包括以下内容：

1）当地关于工程建设报建程序的有关规定。

2）当地关于拆迁工作的有关规定。

3）当地关于工程建设应缴纳有关税费的规定。

4）当地关于工程项目建设管理机构资质管理的有关规定。

5）当地关于工程项目建设实行建设监理的有关规定。

6）当地关于工程建设招标投标的有关规定。

7）当地关于工程造价管理的有关规定等。

（3）反映工程项目所在地区技术经济状况等建设条件的资料，主要包括以下内容：

1）气象资料。

2）工程地质及水文地质资料。

3）与交通运输（含铁路、公路、航运）有关的可提供的能力、时间及价格等资料。

4）供水、供热、供电、供燃气、电信、有线电视等的有关情况，可提供的容量、价格等资料。

5）勘察设计单位情况。

6）土建、安装（含特殊行业安装，如电梯、消防、智能化等）施工单位情况。

7）建筑材料、构配件及半成品的生产供应情况。

8）进口设备及材料的有关到货口岸、运输方式的情况。

（4）类似工程项目建设情况的有关资料，主要包括以下内容：

1）类似工程项目投资方面的有关资料。

2）类似工程项目建设工期方面的有关资料。

3）类似工程项目采用新结构、新材料、新技术、新工艺的有关资料。

4）类似工程项目出现质量问题的具体情况。

5）类似工程项目的其他技术经济指标等。

5. 制定监理规划、工作计划或实施细则

工程项目的监理规划是开展工程项目监理活动的纲领性文件，由项目总监理工程师主持，专业监理工程师参与编制，建设监理单位技术负责人审核批准。

在监理规划的指导之下，为了具体指导投资控制、进度控制、质量控制的进行，还需要结合工程项目施工的实际情况，制定相应的实施计划或细则（或方案）。

6. 根据监理实施细则开展监理工作

（1）工作的时序性。监理的各项工作是根据一定的逻辑顺序先后展开的，这能使监理工作有效地达到工程目标而不致造成工作状态的无序及混乱。

（2）职责分工的严密性。工程建设监理工作是由不同层次、不同专业的专家群体共同完成的，他们之间有十分严密的职责分工，这是协调进行监理工作的前提，也是实现工程监理目标的重要保证。

（3）工作目标的确定性。在职责分工的基础上，每一项监理工作所应达到的具体目标都应是确定的，而完成的时间也应有时限规定，从而能通过报表资料对监理工作及其效果进行检查及考核。

（4）工作过程系统化。工程施工阶段的监理工作主要包括"三控制"（投资控制、进度控制、质量控制）、"二管理"（合同管理、信息管理）、"一协调"共六个方面的工作。施工阶段的监理工作又可以分为三个阶段，包括事前控制、事中控制、事后控制，形成矩阵形的系统。所以，监理工作的开展必须实现工作过程的系统化，其工作程序如图1-2所示。

7. 参与项目竣工验收，签署建设监理意见

工程项目施工完成之后，应由施工单位在正式验收前组织竣工预验收，工程监理单位应参与预验收工作，若在预验收中发现的问题，应及时与施工单位沟通，提出要求，签署工程建设监理意见。

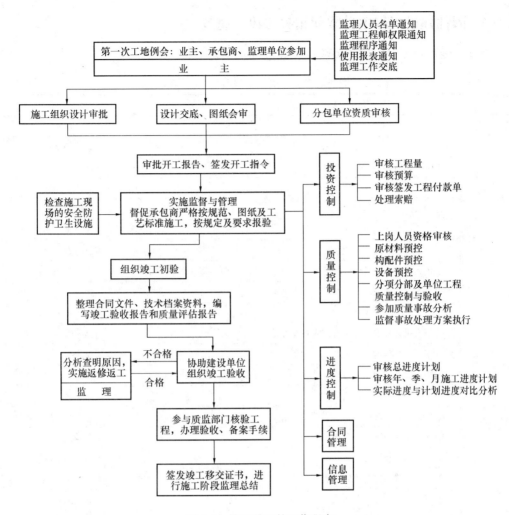

图 1-2　施工监理的工作程序

8. 向业主提交工程建设监理档案资料

在工程项目建设监理业务完成之后，向业主所提交的监理档案资料应包括监理设计变更资料、工程变更资料、监理指令性文件、各种签证资料以及其他档案资料。

9. 监理工作总结

监理工作总结应包括以下几方面内容：

（1）向业主提交的监理工作总结。其内容主要包括：监理委托合同履行情况概述；监理目标或监理任务完成情况的评价；由业主提供的供监理工作使用的办公用房、车辆、试验设施等的清单；表明监理工作结束的说明等。

（2）向监理单位提交的监理工作总结。其内容主要包括：监理工作的经验，可以是采用某种监理方法、技术的经验，也可以是采用某种经济措施、组织措施的经验，或者是签订监理委托合同方面的经验，如何处理好与业主、承包单位关系的经验等。

（3）在监理工作过程中存在的问题及改进的建议也应及时加以总结，以用来指导今后的监理工作，并向政府相关部门提出政策建议，不断提高我国工程建设监理的水平。

1.1.6 园林建设工程项目监理相关法律、规范

园林建设工程项目监理相关法律、规范分别见表1-1、表1-2。

园林建设工程监理常用的法律、法规 表 1-1

类别	法律、法规名称	发布文号
国家法律	中华人民共和国合同法	主席令第 15 号
	中华人民共和国城乡规划法	主席令第 74 号
	中华人民共和国招标投标法	主席令第 21 号
	中华人民共和国建筑法	主席令第 46 号
	中华人民共和国担保法	主席令第 50 号
	中华人民共和国破产法	主席令第 54 号
	中华人民共和国标准化法	主席令第 11 号
	中华人民共和国税收征收管理办法（2001 年修订）	主席令第 49 号
	中华人民共和国环境保护法	主席令第 22 号
	中华人民共和国农业法	主席令第 81 号
	中华人民共和国全民所有制工业企业法	主席令第 3 号
	中华人民共和国合伙企业法	主席令第 55 号
	中华人民共和国个人独资企业法	主席令第 20 号
	中华人民共和国公司法	主席令第 42 号
	中华人民共和国中外合资经营企业法	主席令第 48 号
	中华人民共和国中外合作经营企业法	主席令第 40 号
	中华人民共和国外资企业法	主席令第 39 号
	中华人民共和国行政处罚法	主席令第 63 号
	中华人民共和国仲裁法	主席令第 31 号
	中华人民共和国行政诉讼法	主席令第 16 号
	中华人民共和国民事诉讼法	主席令第 75 号
	中华人民共和国野生动物保护法	主席令第 24 号
	中华人民共和国文物保护法	主席令第 84 号
	中华人民共和国价格法	主席令第 92 号
国家行政法规	建设工程质量管理条例	国务院令第 279 号
	森林病虫害防治条例	国务院令第 46 号
	城市绿化条例	国务院令第 100 号
	村庄集镇规划建设管理条例	国务院令第 116 号
	中华人民共和国自然保护区条例	国务院令第 278 号
	中华人民共和国野生植物保护条例	国务院令第 204 号
	中华人民共和国森林法实施条例	国务院令第 278 号
	中华人民共和国文物保护法实施条例	国务院令第 377 号
	中华人民共和国公司登记管理条例	国务院令第 451 号
	风景名胜区条例	国务院令第 474 号

类别	法律、法规名称	发布文号
部门规章	关于适用《中华人民共和国民事诉讼法》若干问题的意见	法发〔92〕第 22 号
	造价工程师执业资格制度暂行规定	人发〔1996〕第 77 号
	国务院关于加强城市绿化建设的通知	国发〔2001〕第 20 号
	国家重点保护野生植物名录	国家林业局、农业部令第 4 号
	森林公园管理办法	林业部第 3 号
	林业行政处罚程序规定	林业部令第 8 号
	林业行政执法监督办法	林业部令第 9 号
	林木林地权属争议处理办法	林业部令第 10 号
	国家珍贵树种名录	林业部〔92〕第 56 号
	关于保护珍贵树种的通知	林护字〔1992〕第 56 号
	林业生态工程建设监理实施办法（试行）	林计发〔2002〕第 137 号
	监理工程师资格考试和注册试行办法	建设部令第 18 号
	工程建设施工招标投标管理办法	建设部令第 23 号
	城镇体系规划编制审批办法	建设部令第 36 号
	建制镇规划建设管理办法	建设部令第 44 号
	城建监察规定	建设部令第 55 号
	建设工程勘察和设计单位资质管理规定	建设部令第 160 号
	房屋建筑工程和市政基础设施工程竣工验收备案管理暂行办法	建设部令第 78 号
	房屋建筑工程质量保修办法	建设部令第 80 号
	实施工程建设强制性标准监督规定	建设部令第 81 号
	城市规划编制单位资质管理规定	建设部令第 84 号
	建设工程监理范围和规模标准规定	建设部令第 86 号
	城市建设档案管理规定	建设部令第 90 号
	工程监理企业资质管理规定	建设部令第 158 号
	建筑工程施工发包与承包计价管理办法	建设部令第 107 号
	城市动物园管理规定	建设部令第 133 号
	城市规划编制办法	建设部令第 146 号
	工程造价咨询企业管理办法	建设部令第 149 号
	注册造价工程师管理办法	建设部令第 150 号
	建筑业企业资质管理规定	建设部令第 159 号
	游乐园管理规定	建设部、国家质量技术监督局令第 85 号
	关于发布《游艺机和游乐设施安全监督管理规定》的通知	技监局发〔1994〕第 08 号
	工程建设项目招标范围和规模标准规定	国家计划发展委员会令第 3 号
	评标委员会和评标方法暂行规定	国家计委、国家经贸委、建设部、铁道部、交通部、信息产业部、水利部令第 12 号

类别	法律、法规名称	发布文号
部门规章	企业法人登记管理条例施行细则	国家工商行政管理局令第96号
	施工总承包企业特级资质标准	建市〔2007〕第72号
	房屋建筑工程施工旁站监理管理办法（试行）	建市〔2002〕第189号
	全国统一施工机械台班费用定额	建标〔98〕第57号
	全国统一施工机械台班费用编制规则	建标〔2001〕第196号
	建筑安装工程计价程序	建标〔2003〕第206号
	工程建设标准强制性条文（房屋建筑部分）	建标〔2002〕第219号
	仿古建筑及园林工程预算定额	建标字第451号
	关于加强城市和风景名胜区古树名木保护管理的意见	城发园字第81号
	关于编制城市绿地系统生物多样性保护计划的通知	建城国字〔1997〕第19号
	关于印发《创建国家园林城市实施方案》和《国家园林城市标准》的通知	建城〔2000〕第106号
	关于印发《城市古树名木保护管理办法》的通知	建城〔2000〕第192号
	城市园林绿化当前产业政策实施办法	建城字第313号
	关于加强城市绿地和绿化种植保护的规定	建城〔1994〕第716号
	城市绿化规划建设指标的规定	建城〔1993〕第784号
	风景名胜区环境卫生管理标准	建城字第812号
	城市园林绿化企业资质管理办法	建城〔1995〕第383号
	建设工程施工合同（示范文本）	建建〔1999〕第313号
	工程建设项目报建管理办法	建建〔1994〕第482号
	建设工程委托监理合同（示范文本）	建建〔2000〕第44号
	工程建设监理合同	建监（1995）第547号
	工程建设监理规定	建监〔1995〕第737号
	建筑市场管理规定	建法〔1991〕第798号
	基本建设财务管理规定	财建〔2002〕第394号
	关于发布工程建设监理费有关规定（92）	价费字第479号

园林建设工程监理常用的技术规范   表1-2

序号	名　称	编　号
1	埋地硬聚氯乙烯给水管道工程技术规程	CECS 17—2000
2	混凝土排水管道工程闭气检验标准	CECS 19—1990
3	柔毡屋面防水工程技术规程	CECS 29—1991
4	混凝土及预制混凝土构件质量控制规程	CECS 40—1992
5	氢氧化钠溶液（碱液）加固湿陷性黄土地基技术规程	CECS 68—1994
6	测绘产品检查验收规定	CH 1002—1995
7	测绘产品质量评定标准	CH 1003—1995
8	城镇道路工程施工与质量验收规范	CJJ 1—2008

序号	名　　称	编　号
9	古建筑修建工程质量检验评定标准（北方地区）	CJJ 39—1991
10	公园设计规范	CJJ 48—1992
11	风景园林图例图示标准	CJJ 67—1995
12	古建筑修建工程质量检验评定标准	CJJ 70—1996
13	城市道路绿化规划与设计规范	CJJ 75—1997
14	固化类路面基层和底基层技术规程	CJJ/T 80—1998
15	城市绿地分类标准	CJJ/T 85—2002
16	园林基本术语标准	CJJ/T 91—2002
17	高杆照明设施技术条件	CJ/T 3076—1998
18	城市排水流量堰槽测量标准	CJ/T 3008.1～5—1993
19	钢筋混凝土用钢 第2部分：热轧带肋钢筋	GB 1499.2—2007
20	地表水环境质量标准	GB 3838—2002
21	农田灌溉水质标准	GB 5084—2005
22	烧结普通砖	GB 5101—2003
23	焦化苯类产品全硫含量的还原分光光度测定方法	GB 8039—2009
24	混凝土外加剂	GB 8076—2008
25	蒸压灰砂砖	GB 11945—1999
26	蒸压加气混凝土砌块	GB 11968—2006
27	聚氯乙烯（PVC）防水卷材	GB 12952—2011
28	氯化聚乙烯防水卷材	GB 12953—2003
29	烧结多孔	GB 13544—2000
30	烧结多孔砖和多孔砌块	GB 13545—2011
31	冷轧带肋钢筋	GB 13788—2008
32	高分子防水材料 第一部分：片材	GB 18173.1—2012
33	弹性体改性沥青防水卷材	GB 18242—2008
34	塑性体改性沥青防水卷材	GB 18243—2008
35	建筑地基基础设计规范	GB 50007—2011
36	混凝土结构设计规范	GB 50010—2010
37	室外给水设计规范	GB 50013—2006
38	湿陷性黄土地区建筑规范	GB 50025—2004
39	工程测量规范	GB 50026—2007
40	动力机械基础设计规范	GB 50040—1996
41	给水排水工程构筑物结构设计规范	GB 50069—2002
42	沥青路面施工及验收规范	GB 50092—1996
43	自动化仪表工程施工及质量验收规范	GB 50093—2013
44	地下工程防水技术规范	GB 50108—2008
45	滑动模板工程技术规范	GB 50113—2005

序号	名　称	编　号
46	混凝土外加剂应用设计规范	GB 50119—2003
47	电气装置安装工程 电气设备交接试验标准	GB 50150—2006
48	混凝土质量控制标准	GB 50164—2011
49	火灾自动报警系统施工及验收规范	GB 50166—2007
50	电气装置安装工程电缆线路施工及验收规范	GB 50168—2006
51	电气装置安装工程接地装置施工及验收规范	GB 50169—2006
52	电气装置安装工程旋转电机施工及验收规范	GB 50170—2006
53	电气装置安装工程 盘、柜及二次回路接线施工及验收规范	GB 50171—2012
54	电气装置安装工程 蓄电池施工及验收规范	GB 50172—2012
55	电气装置安装工程35kV及以下架空电力线路施工及验收规范	GB 50173—1992
56	镇规划标准	GB 50188—2007
57	建设工程施工现场供用电安全规范	GB 50194—1993
58	建筑地基基础工程施工质量验收规范	GB 50202—2002
59	砌体结构工程施工质量验收规范	GB 50203—2011
60	混凝土结构工程质量验收规范（2010版）	GB 50204—2002
61	钢结构工程施工质量验收规范	GB 50205—2001
62	木结构工程施工质量验收规范	GB 50206—2012
63	屋面工程质量验收规范	GB 50207—2012
64	地下防水工程质量验收规范	GB 50208—2011
65	建筑地面工程施工质量验收规范	GB 50209—2010
66	建筑装饰装修工程质量验收规范	GB 50210—2001
67	建筑防腐蚀工程施工及验收规范	GB 50212—2002
68	组合钢模板技术规范	GB 50214—2001
69	通风与空调工程施工质量验收规范	GB 50243—2002
70	电气装置安装工程低压电器施工及验收规范	GB 50254—1996
71	电气装置安装工程电力变流设备施工及验收规范	GB 50255—1996
72	电气装置安装工程起重机电气装置施工及验收规范	GB 50256—1996
73	电气装置安装工程爆炸和火灾危险环境电气装置施工及验收规范	GB 50257—1996
74	给水排水管道工程施工及验收规范	GB 50268—2008
75	灌溉与排水工程设计规范	GB 50288—1999
76	风景名胜区规划规范	GB 50298—1999
77	建设工程施工质量验收统一标准	GB 50300—2001
78	建筑电气工程施工质量验收规范	GB 50303—2002
79	电梯工程施工质量验收规范	GB 50310—2002
80	建设工程监理规范	GB 50319—2013
81	民用建筑工程室内环境污染控制规范	GB 50325—2010
82	屋面工程技术规范	GB 50345—2012

序号	名　称	编　号
83	建设工程工程量清单计价规范	GB 50500—2013
84	用于水泥和混凝土中的粉煤灰	GB/T 1596—2005
85	低压流体输送用焊接钢管	GB/T 3091—2008
86	预应力混凝土用钢丝	GB/T 5223—2002
87	金属覆盖层及其他有关覆盖层维氏和努氏显微硬度试验	GB/T 9790—1988
88	热喷涂金属件表面预处理通则	GB/T 11373—1989
89	建筑用卵石、碎石	GB/T 14685—2011
90	轻集料混凝土小型空心砌块	GB/T 15229—2011
91	质量管理体系 基础和术语	GB/T 19000—2008
92	质量管理体系 要求	GB/T 19001—2008
93	聚氨酯防水涂料	GB/T 19250—2003
94	房屋建筑制图统一标准	GB/T 50001—2010
95	总图制图标准	GB/T 50103—2010
96	建筑制图标准	GB/T 50104—2010
97	建筑结构制图标准	GB/T 50105—2010
98	建筑给水排水制图标准	GB/T 50106—2010
99	工程测量基本术语标准	GB/T 50228—2011
100	城市规划基本术语标准	GB/T 50280—1998
101	建设工程文件归档整理规范	GB/T 50328—2001
102	水泥混凝土路面施工及验收规范	GBJ 97—1987
103	钢筋混凝土升板结构技术规范	GBJ 130—1990
104	粉煤灰混凝土应用技术规范	GBJ 146—1990
105	全国统一建筑装饰装修工程消耗量定额	GYD 901—2002
106	粉煤灰砌块	JC 238—1991 (1996)
107	粉煤灰砖	JC 239—2001
108	溶剂型橡胶沥青防水涂料	JC/T 852—1999
109	聚合物乳液建筑防水涂料	JC/T 864—2008
110	冷轧扭钢筋	JG 190—2006
111	建筑机械使用安全技术规程	JGJ 33—2012
112	施工现场临时用电安全技术规范	JGJ 46—2005
113	普通混凝土用砂、石质量及检验方法标准	JGJ 52—2006
114	建筑施工安全检查标准	JGJ 59—2011
115	混凝土用水标准	JGJ 63—2006
116	建筑地基处理技术规范	JGJ 79—2012
117	建筑桩基技术规范	JGJ 94—2008
118	砌筑砂浆配合比设计规程	JGJ/T 98—2010
119	建筑工程冬期施工规程	JGJ/T 104—2011

序号	名 称	编 号
120	建筑基坑支护技术规程	JGJ 120—2012
121	混凝土小型空心砌块建筑技术规程	JGJ/T 14—2011
122	V形折板屋盖设计与施工规程	JGJ/T 21—1993
123	回弹法检测混凝土抗压强度技术规程	JGJ/T 23—2011
124	钢筋焊接接头试验方法标准	JGJ/T 27—2001
125	贯入法检测砌筑砂浆抗压强度技术规程	JGJ/T 136—2001
126	灯具油漆涂层	QB 1551—1992
127	喷灌用低密度聚乙烯管材	QB/T 3803—1999
128	微灌工程技术规范	SL 103—1995
129	喷灌与微灌工程技术管理规程	SL 236—1999
130	工程测量成果检查验收和质量评定标准	YB 9008—1998

1.2 工程监理工作程序

1. 工程项目监理工作的总程序

工程项目监理工作的总程序，如图 1-3 所示。

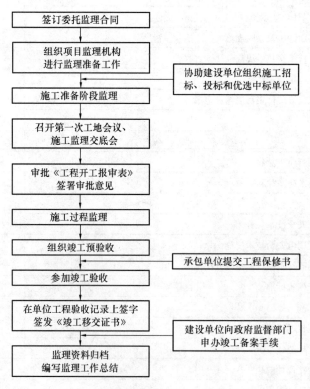

图 1-3 工程项目监理工作的总程序

16

2. 分包单位的资格预审程序

分包单位的资格预审程序，如图 1-4 所示。

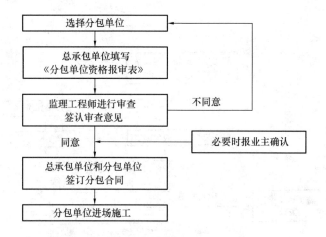

图 1-4　分包单位的资格预审程序

3. 施工组织设计（方案）审查程序

施工组织设计（方案）审查程序，如图 1-5 所示。

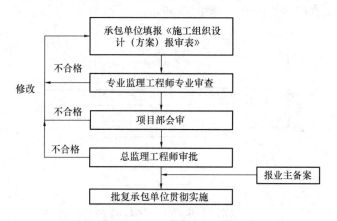

图 1-5　施工组织设计（方案）审查程序

4. 工程材料、构配件和设备审查程序

工程材料、构配件和设备审查程序，如图 1-6 所示。

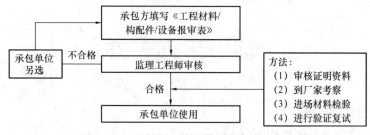

图 1-6　工程材料、构配件和设备审查程序

5. 旁站监理工作程序

旁站监理工作程序，如图 1-7 所示。

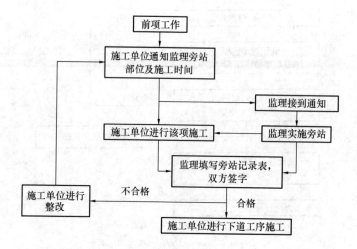

图 1-7　旁站监理工作程序

6. 分部、分项工程的验收程序

分部、分项工程的验收程序，如图 1-8 所示。

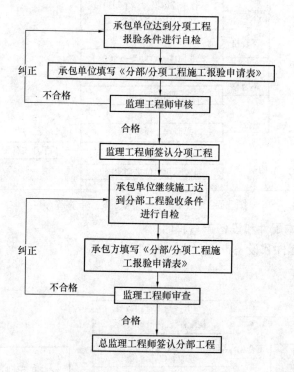

图 1-8　分部、分项工程的验收程序

7. 单位工程验收基本程序

单位工程验收基本程序，如图 1-9 所示。

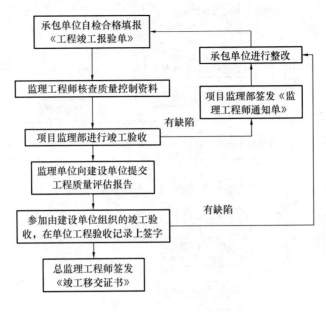

图 1-9 单位工程验收基本程序

8. 进度控制监理程序

进度控制监理程序，如图 1-10 所示。

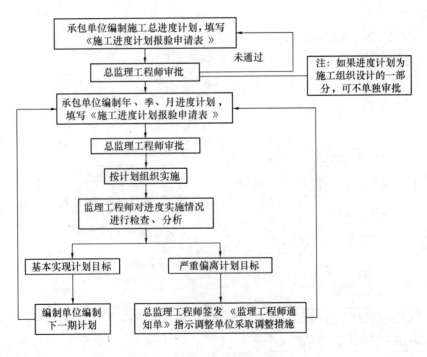

图 1-10 进度控制监理程序

9. 工程项目投资控制基本程序

工程项目投资控制基本程序，如图 1-11 所示。

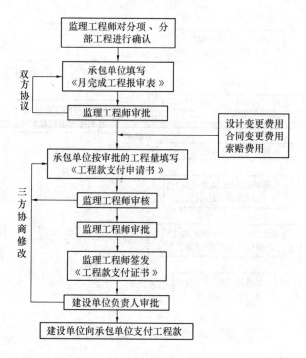

图 1-11　工程项目投资控制基本程序

10. 工程项目竣工结算基本程序

工程项目竣工结算基本程序，如图 1-12 所示。

11. 设计变更、洽商管理

工程项目设计变更、洽商管理的程序，如图 1-13 所示。

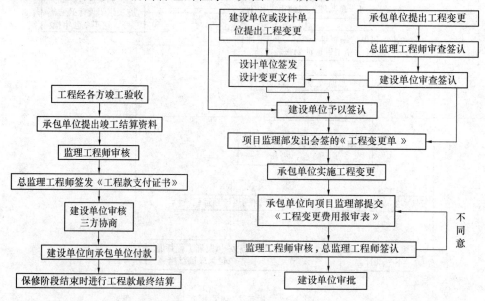

图 1-12　工程项目竣工结算基本程序　　　图 1-13　设计变更、洽商管理程序

12. 费用索赔程序

工程项目费用索赔程序，如图 1-14 所示。

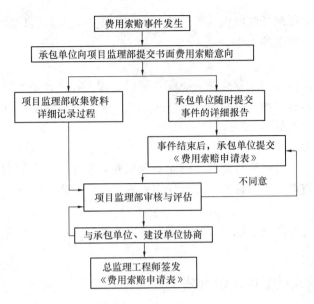

图 1-14 费用索赔程序

13. 工程暂停及复工的基本程序

工程暂停及复工的基本程序，如图 1-15 所示。

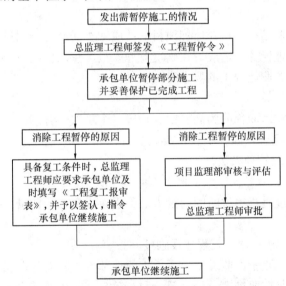

图 1-15 工程暂停及复工的基本程序

1.3 园林工程监理人员管理

1.3.1 监理人员管理

1. 总监理工程师

总监理工程师经监理单位法人代表授权，具有相关专业相应职称，取得监理工程师资格证书并注册，是工程现场监理机构的总负责人，行使委托监理合同赋予监理单位的权利和义务，主持项目监理部的工作。

2. 监理工程师

监理工程师是指具有相关专业相应职称，取得监理工程师资格证书并注册，根据工程监理岗位职责分工和总监理工程师的指令，负责实施某一专业或某一方面的监理工作，可签发监理文件的监理人员。

3. 专业监理工程师

专业监理工程师是根据项目监理岗位职责分工和总监理工程师的指令，负责实施某一专业或某一方面的监理工作，具有相应监理文件签发权的监理工程师。

4. 监理员

监理员是指经过监理业务培训，具有中专及以上学历并经过监理业务培训的，从事具体监理工作的监理人员。

1.3.2 监理组织人员配备及职责分工

1. 工程监理组织人员分配

监理组织人员的配备一般应考虑专业结构、人员层次、工程建设强度、工程复杂程度以及监理企业的业务水平等多方面。

（1）专业结构

项目监理组织专业结构应针对监理项目的性质和委托监理合同进行设置。专业人员的配备要与所承担的监理任务相适应。在确定监理人员数量的情况下，应做出适当调整，保证监理组织结构与任务职能分工的要求得到满足。

（2）人员层次

根据监理人员的技术职称分为高、中、初级三个层次。合理的人员层次结构有利于管理和分工。按照以往经验，高、中、初级人员的配备比例大约为10％、60％、20％，此外还有10％左右为行政管理人员。

（3）工程建设强度

所谓工程建设强度是指单位时间内投入的工程建设资金的数量。它是衡量一项工程紧张程度的标准。

$$工程建设强度＝投资/工期 \tag{1-1}$$

其中，投资和工期是指由监理单位所承担的那部分工程的建设投资和工期。一般投资额是按合同价，工期是按照进度总目标及分目标确定的。显而易见，工程建设强度越大，投入的监理人员就越多。工程建设强度是确定人数的重要因素。

（4）工程复杂程度

每项工程都具有不同的复杂情况。地点、位置、气候、性质、空间范围、工程地质、施工方法、后勤供应等不同，则投入的人力也有所不同。依照一般工程的情况，工程复杂程度要考虑的因素包括：设计活动难易、气候条件、地形条件、工程地质、施工方法、工程性质、工期要求、材料供应和工程分散程度等。

依照工程复杂程度的不同，可将各种情况的工程分为若干级别，不同级别的工程需要配备的人员数量有所不同。例如，将工程复杂程度按五级划分为：简单、一般、一般复杂、复杂、很复杂。很明显，简单级别的工程需要的人员较少，而复杂的项目就需要配置多的人员。

工程复杂程度定级可采用定量方法：将构成工程复杂程度的每一因素划分为不同的各种情况，根据工程实际情况予以评分，累积平均后看分值大小以确定它的复杂程度等级。

如果按照十分制计评，则平均分值 1～3 分者为简单工程，平均分值 3～5 分者为一般工程、5～7 分者为一般复杂工程、7～9 分者为复杂工程、9 分以上为很复杂工程。

（5）工程监理企业的业务水平

不同监理企业的业务水平有所不同，业务水平的差异影响着监理效率的高低。对于同一份委托监理合同，水平高的监理企业可以投入较少的人力去完成监理工作，而水平低的监理企业则需投入较多的人力。各监理企业应当依照自己的具体实际情况对监理人员的数量进行适当的调整。

2. 项目监理机构监理人员数量的确定

配备足够数量的项目监理人员是保证监理工作能否正常进行的重要环节。监理人员应配备的数量指标常以"监理人员密度"表示。所谓监理人员密度是指能覆盖被监理工程的范围，且能保证有效地开展监理活动所需要的监理人员的数量。监理人员密度应按照工程项目类型、规模、复杂程度以及监理人员的素质和监理企业管理水平等因素决定。到目前为止，我国尚无公认的标准和定额，但可以参照世界银行的有关定额指标来估算监理人员的人数。

世界银行认为，监理人员数量可依据"施工密度"和"工程复杂程度"决定。所谓"施工密度"是指可以用工程的建设强度也就是年造价（百万美元/年）来度量。"工程复杂程度"分为五个等级，根据指标数 0～10 定，如表 2-1 所示。工程复杂程度指标值及其评估，按 10 项指标的有利程度，分别以 0～10 分进行评定，工程复杂程度的值是取其平均值，评估示例，见表 1-3。

工程复杂程度指标值　　　　　　　　　　　　表 1-3

工程复杂程度等级		指标值
一级	简单	0～3
二级	低于一般复杂程度	3～5
三级	一般复杂程度	5～7
四级	较复杂	7～9
五级	很复杂	9～10

通过这 10 项指标所反映出的工程特点是：

（1）设计活动由简单到复杂。

（2）工程位置方便或偏僻。

（3）工地气候温和或恶劣、工地地形平坦或崎岖、工程地质简单或复杂。

（4）施工方法简单或复杂。

（5）工期紧迫或宽松。

（6）工程性质（专业项目数）简单或复杂。

（7）材料供应能够保证或不能保证。

（8）分散程度分散或集中等。

3. 工程监理组织人员基本职责

监理人员的基本职责应按照工程建设的阶段和建设工程的具体情况确定。

（1）总监理工程师

总监理工程师又称总监，是由工程监理单位法定代表人书面授权、全面负责委托监理合同的履行、主持项目监理机构工作的监理工程师。对项目监理应实行总监理工程师负责制，一方面总监作为监理企业派出的代表，应对监理企业承担全部责任；另一方面，总监是执行项目监理合同授权下的法定代表，应对业主承担全部责任。因此，在工程项目建设监理中，总监理工程师扮演着一个极为重要的角色。

总监理工程师的主要职责

按照《建设工程监理规范》GB/T 50319—2013 的规定，项目总监理工程师在主持施工阶段监理工作时应履行以下职责：

1）确定项目监理机构人员及其岗位职责。

2）组织编制监理规划、审批监理实施细则。

3）根据工程进展及监理工作情况调配监理人员，检查监理人员工作。

4）组织召开监理例会。

5）组织审核分包单位资格。

6）组织审查施工组织设计、（专项）施工方案。

7）审查工程开复工报审表，签发工程开工令、暂停令和复工令。

8）组织检查施工单位现场质量、安全生产管理体系的建立及运行情况。

9）组织审核施工单位的付款申请，签发工程款支付证书，组织审核竣工结算。

10）组织审查和处理工程变更。

11）调解建设单位与施工单位的合同争议，处理工程索赔。

12）组织验收分部工程，组织审查单位工程质量检验资料。

13）审查施工单位的竣工申请，组织工程竣工预验收，组织编写工程质量评估报告，参与工程竣工验收。

14）参与或配合工程质量安全事故的调查和处理。

15）组织编写监理月报、监理工作总结，组织整理监理文件资料。

（2）总监理工程师代表

总监理工程师代表是经监理企业法定代表人同意，由总监理工程师书面授权，代表总监理工程师行使其部分职责和权力的项目监理机构中的监理工程师。

按照《建设工程监理规范》GB/T 50319—2013 的规定，总监理工程师不得将施工阶段下列工作委托给总监理工程师代表：

1）组织编制监理规划、审批监理实施细则。

2）根据工程进展及监理工作情况调配监理人员。

3）组织审查施工组织设计、（专项）施工方案。

4）签发工程开工令、暂停令和复工令。

5）签发工程款支付证书，组织审核竣工结算。

6）调解建设单位与施工单位的合同争议，处理工程索赔。

7）审查施工单位的竣工申请，组织工程竣工预验收，组织编写工程质量评估报告，参与工程竣工验收。

8）参与或配合工程质量安全事故的调查和处理。

（3）专业监理工程师

专业监理工程师是根据项目监理岗位职责分工和总监理工程师的指令，负责实施某一专业或某一方面的监理工作，具有相应监理文件签发权的监理工程师。

专业监理工程师的职责，按照《建设工程监理规范》GB/T 50319—2013 的规定，施工阶段专业监理工程师应履行以下职责：

1）参与编制监理规划，负责编制监理实施细则。

2）审查施工单位提交的涉及本专业的报审文件，并向总监理工程师报告。

3）参与审核分包单位资格。

4）指导、检查监理员的工作，定期向总监理工程师报告本专业监理工作实施情况。

5）检查进场的工程材料、构配件、设备的质量。

6）验收检验批、隐蔽工程、分项工程，参与验收分部工程。

7）处理发现的质量问题和安全事故隐患。

8）进行工程计量。

9）参与工程变更的审查和处理。

10）组织编写监理日志，参与编写监理月报。

11）收集、汇总、参与整理监理文件资料。

12）参与工程竣工预验收和竣工验收。

委派专业监理工程师及专业监理工程师履行职责时应注意以下相关问题：

1）总监理工程师应及时将授予专业监理工程师的权限以书面形式通知承包各方，使工程承包各方都能了解专业监理工程师的职责，避免发生不必要的误会。对承包方来讲，这份函件尤其重要，因为它是对专业监理工程师所发布的指令是否具备有效性的判断标准；否则，承包方可以拒绝专业监理工程师的指令，导致的后果应由总监理工程师负责。

2）因为专业监理工程师在工程建设中的特殊地位，既拥有现场施工监理的重要职责，又没有明确的法定地位，因此，专业监理工程师没有权力指令追加工程，无权指令承包方违约施工，也无权签证任何支付给承包方的款项。

3）对专业监理工程师的委派应坚持德才兼备、才职相称的原则。专业监理工程师应拥有在现场施工监理过程中处理各种复杂、多变事件的应变能力、开拓创新能力、果断决策分析能力、组织协调能力，还应具备较高的技术素质、思想素质、良好的心理以及生理素质等。

（4）其他监理工作人员

其他监理工作人员是总监理工程师或专业监理工程师的助手，包括监理员、检查员、试验员、测量员、打字员、秘书及其他相关的技术、经济、管理人员。其他监理人员的配备数量、专业配置、业务能力等应依照监理项目的规模、工程特点、授权范围、项目监理机构等确定。

专业监理工程师在选定监理员或检查员时，应全面考核他们的思想品质、敬业精神、技术能力、组织能力、业务能力。一名优秀的监理员或检查员是专业监理工程师的得力助手；反之，一名不合格的监理员或检查员将给专业监理工程师带来极大的困难或负担。因此，专业监理工程师有权将不称职的监理员或检查员调离监理现场。

按照《建设工程监理规范》GB/T 50319—2013 的规定，施工阶段监理员应履行以下职责：

1）检查施工单位投入工程的人力、主要设备的使用及运行状况。

2）进行见证取样。

3）复核工程计量有关数据。

4）检查工序施工结果。

5）发现施工作业中的问题，及时指出并向专业监理工程师报告。

1.3.3 监理人员职业道德和素质要求

1. 监理人员职业道德

工程建设监理是建设领域里一项非常重要的工作，要使监理工作做到"守法、诚信、公正、科学"，监理人员就应该具有高度的责任心，对待工作认真负责；精心监理，绝不马虎从事；具有很强的原则性；实事求是，办事公正，绝不曲意奉承；具有高度的自觉性，反腐倡廉，克己奉公，绝不见利忘义。

监理人员应时刻牢记国家和规范所规定的监理人员职业道德守则和工作纪律，坚持以身作则，认真地执行。具体内容如下。

（1）贯彻国家建设方针，遵守建设监理法规。

（2）依法经营，正当竞争，不转包监理业务，不转借岗位证书。

（3）信守监理合同，全面履行义务，正确行使权利。

（4）不故意损害项目法人、被监理方和监理同行的名誉和利益。

（5）科学监理，诚信服务，爱岗敬业，努力提高业务水平。

（6）坚持公正、合理处理相关方的争议事件。

（7）不得在政府部门任职，不得在影响公正执行监理业务的单位兼职。

（8）不得收取影响公正执行监理业务的单位或个人的酬金和礼品。

（9）不得从事与监理项目有关的商品经营或业务介绍活动。

（10）不得泄露与监理项目合同业务相关的保密资料。

2. 监理人员素质要求

监理的工作离不开"三控"，所谓"三控"即质量、进度和投资控制。作为园林工程监理，最重要的是质量，质量又包括了两个方面内容：一是保证苗木的存活率；二是控制整个环境景观的美观，力求最完美地达到设计要求。园林监理人员应具备下述几方面素质。

（1）必须懂得设计

园林是一门艺术，并不像建筑一样，给定了图纸就一定能设置好，每株植物都有自己独特的形态美，不同的组栽方式和位置都会产生不同的韵味，如何将其组合起来造景，判断是否符合设计要求或环境景观需求等问题，这些都要求园林、工程监理人员必须懂得设计，能完全理解设计意图和设计理念。

（2）知道苗木存活的栽植方式

应能够正确判断什么季节最适宜栽植什么树种，或能知晓在不适宜栽植地或栽植时间所采用的有效方法，这样可以防止因不懂而造成盲目指示施工单位错误施工带来的索赔，或者说因不懂而造成施工单位借口施工场地、水源、土质等问题提出相应索赔。

（3）判断优质保量完成数额

园林施工是门环境艺术，这样的性质决定了施工进度不可能很快，但又不可能拖延。这样就要求监理人员能正确判断每人每日所能优质保量完成的数额，防止施工单位为超赶进度而冒进施工，导致工程质量无法保证。

（4）会看苗，能判别苗木质量的优劣

对于一般的园林工程，栽植一个板块的造价有近一半是苗木的价格，不同的苗木价格不同。园林工程监理只有了解市场行情才知道什么样的苗是好苗，是否经济，能否满足设计要求。只有这样才能控制苗木成本。

（5）会辨苗

所谓会辨苗就是要防止施工单位鱼目混珠，将外观上差不多的其他树种当作名贵树种贩卖。

（6）有合同管理能力

能找到合同中不完善的地方并及时做出相应的修改，防止施工单位利用合同的漏洞投机取巧。

（7）有沟通能力

具备良好的沟通能力，与施工单位、设计单位、业主等能进行良好的沟通。

2 园林监理员资料管理

2.1 园林工程资料组成及管理

2.1.1 园林工程资料组成

1. 园林工程资料常用术语

在园林工程资料编制与管理中，常用到的术语有以下几种：

（1）园林绿化工程：园林、城市绿地以及风景名胜区中除园林建筑工程以外的室外工程。

注：包括体现园林地貌创作的土方工程、园林筑山工程（如叠山、塑山等）、园林水景工程、园林小品工程、园林桥涵工程、园林景观照明工程、园林铺地工程、种植工程（包括种植树木、造花坛、铺草坪等）。

（2）工程资料：在工程建设过程中所形成的各种形式的信息记录，其中包括基建文件、监理资料、施工资料和竣工图。

（3）建设单位（业主）：园林工程项目法人，或为实施园林工程而设置的管理机构。

（4）监理单位：为建设单位提供园林建设监理服务的企业。

注：在工商行政管理部门登记注册，取得企业法人营业执照，并取得工程建设行政主管部门颁发的园林监理资质证书。

（5）施工单位：与建设单位签订园林工程施工合同，承担施工任务且有相应资质的企业。根据园林建设工程施工合同的约定或经监理单位的书面认可，报建设单位同意后，施工单位可将其一部分工程按有关规定交由具有相应资质等级的施工企业负责施工，该施工企业作为分包单位与施工单位签订园林工程分包合同。

（6）基建文件：建设单位在工程建设过程中形成的文件，包括工程准备文件和竣工验收等文件。

1）工程准备文件。工程开工之前，在立项、审批、征地、勘察、设计、招投标等工程准备阶段形成的文件。

2）竣工验收文件。建设工程项目竣工验收活动中形成的文件。

（7）监理资料：监理单位在工程设计、施工等监理过程中形成的资料。

（8）施工资料：施工单位在工程施工过程中形成的资料。

（9）总监理工程师：经监理单位法人代表授权，具有园林或相关专业相应职称，取得监理工程师资格证书并注册，是园林工程现场监理机构的总负责人，行使委托监理合同赋予监理单位的权利和义务，主持项目监理部工作。

（10）总监理工程师代表：经监理单位法人代表同意，总监理工程师授权，代表总监理工程师行使其部分职权的注册监理工程师。

（11）专业监理工程师：具有园林或相关专业相应职称，取得监理工程师资格证书并注册，根据工程监理岗位职责分工和总监理工程师的指令，负责实施某一专业或某一方面的监理工作，可签发监理文件的监理人员。

（12）监理员：经过监理业务培训，具有园林工程相关知识，从事具体监理工作的监理人员。

（13）竣工图：工程竣工验收后，真实反映建设工程项目施工结果的图样。

（14）工程档案：在工程建设活动中直接形成的具有归档保存价值的文字、图表、声像等各种形式的历史记录。

（15）立卷：按照一定的原则和方法，将有保存价值的文件分类整理成案卷的过程就是立卷，亦称组卷。

（16）归档：文件的形成单位完成其工作任务后，将形成的文件整理立卷后，按规定移交档案管理机构。

2. 园林工程资料分类

（1）工程资料应根据收集、整理单位以及资料类别的不同进行分类。

（2）施工资料分类应根据类别与专业系统划分。

（3）园林工程资料分类、整理可参考表 2-1 的规定。

（4）施工过程中工程资料的分类、整理及保存应执行国家及行业现行法律、法规、规范、标准及地方相关规定。

园林工程资料分类表 表 2-1

类别编号	资料名称	资料来源	保存单位			
			施工单位	监理单位	建设单位	城建档案馆
A 类	**基建文件**					
A1	**决策立项文件**					
A1-1	投资项目建议书	建设单位			●	●
A1-2	对项目建议书的批复文件	建设主管部门			●	●
A1-3	环境影响审批报告书	环保部门			●	●
A1-4	可行性研究报告	工程咨询单位			●	●
A1-5	对可行性研究报告的批复文件	有关主管部门			●	●
A1-6	关于立项的会议纪要、领导批示	会议组织单位			●	●
A1-7	专家对项目的有关建议文件	建设单位			●	●
A1-8	项目评估研究资料	建设单位			●	●
A1-9	计划部门批准的立项文件	建设单位	●		●	●
A2	**建设规划用地、征地、拆迁文件**					
A2-1	土地使用报告预审文件 国有土地使用证	国土主管部门			●	●
A2-2	拆迁安置意见及批复文件	政府有关部门			●	●

类别编号	资料名称	资料来源	保存单位			
			施工单位	监理单位	建设单位	城建档案馆
A2-3	规划意见书及附图	规划部门			●	●
A2-4	建设用地规划许可证、附件及附图	规划部门			●	●
A2-5	其他文件： 掘路占路审批文件、移伐树木审批文件、工程项目统计登记文件、向人防备案（施工图）文件、非政府投资项目备案文件	政府有关部门		●	●	●
A3	**勘察、测绘、设计文件**					
A3-1	工程地质勘查报告	勘察单位	●	●	●	●
A3-2	水文地质勘查报告	勘察单位	●	●	●	●
A3-3	测量交线、交桩通知书	规划部门	●	●	●	●
A3-4	验收合格文件（验线）	规划部门	●	●	●	●
A3-5	审定设计批复文件及附图	规划部门	●	●	●	●
A3-6	审定设计方案通知书	规划部门	●	●	●	●
A3-7	初步设计文件	设计单位			●	
A3-8	施工图设计文件	设计单位	●		●	
A3-9	初步设计审核文件	政府有关部门	●	●	●	●
A3-10	对设计文件的审查意见	设计咨询单位			●	●
A4	**工程招投标及承包文件**					
A4-1	招投标文件					
A4-1-1	勘察招投标文件	建设、勘察单位			●	
A4-1-2	设计招投标文件	建设、设计单位			●	
A4-1-3	拆迁招投标文件	建设、拆迁单位			●	
A4-1-4	施工招投标文件	建设、施工单位	●		●	
A4-1-5	监理招投标文件	建设、监理单位			●	
A4-1-6	设备、材料招投标文件		●		●	
A4-2	合同文件					
A4-2-1	勘察合同	建设、勘察单位			●	
A4-2-2	设计合同	建设、设计单位			●	

类别编号	资料名称	资料来源	保存单位			
			施工单位	监理单位	建设单位	城建档案馆
A4-2-3	拆迁合同	建设、拆迁单位			●	
A4-2-4	施工合同	建设、施工单位	●	●	●	
A4-2-5	监理合同	建设、监理单位		●	●	
A4-2-6	材料设备采购合同	建设、中标单位	●		●	
A5	**工程开工文件**					
A5-1	年度施工任务审批文件	建设主管部门			●	●
A5-2	修改工程施工图纸通知书	规划部门			●	●
A5-3	建设工程规划许可证、附件及附图	规划部门	●	●	●	●
A5-4	固定资产投资许可证	建设单位			●	●
A5-5	建设工程施工许可或开工审批手续	建设主管部门	●	●	●	●
A5-6	工程质量监督注册登记表	质量监督机构	●	●	●	●
A6	**商务文件**					
A6-1	工程投资估算材料	造价咨询单位			●	
A6-2	工程设计概算	造价咨询单位			●	
A6-3	施工图预算	造价咨询单位	●	●	●	
A6-4	施工预算	施工单位	●	●	●	
A6-5	工程决算	建设（监理）、施工单位	●	●	●	●
A6-6	工程决算交付使用固定资产清单	建设单位			●	●
A7	**工程竣工备案文件**					
A7-1	建设工程竣工档案预验收意见	城建档案馆			●	●
A7-2	工程竣工验收备案表	建设单位	●	●	●	●
A7-3	工程竣工验收报告	建设单位			●	●
A7-4	勘察、设计单位质量检查报告	相关单位			●	●
A7-5	规划、消防、环保、技术监督、人防等部门出具的认可文件或准许使用文件	主管部门	●	●	●	●
A7-6	工程质量保修书	建设、施工单位	●		●	
A7-7	工程使用说明书	施工单位	●		●	

类别编号	资料名称	资料来源	保存单位			
			施工单位	监理单位	建设单位	城建档案馆
A8	**其他文件**					
A8-1	物资质量证明文件	建设单位	●	●	●	
A8-2	工程竣工总结（大型工程）	建设单位	●	●	●	●
A8-3	工程开工前的原貌、主要施工过程、竣工新貌照片	建设单位			●	●
A8-4	工程开工、施工、竣工的录音录像文件	建设单位			●	●
A8-5	建设工程概况					●
B类	**监理资料**					
B1	**监理管理资料**					
B1-1	监理规划、监理实施细则	监理单位		●	●	●
B1-2	监理月报	监理单位		●	●	
B1-3	监理会议纪要（涉及工程质量内容）	监理单位		●	●	
B1-4	工程项目监理日志	监理单位		●	●	
B1-5	监理工作总结（专题、阶段、竣工总结）	监理单位		●	●	●
B2	**监理资料**					
B2-1	工程技术文件报审表		●	●	●	
B2-2	施工测量定点放线报验表		●	●	●	
B2-3	施工进度计划报审表		●	●	●	
B2-4	工程物资进场报验表		●	●	●	
B2-5	工程动工报审表		●	●	●	
B2-6	分包单位资质报审表		●	●	●	
B2-7	分项/分部工程施工报验表		●	●	●	
B2-8	（ ）月工、料、机动态表		●	●		
B2-9	工程复工报审表		●	●	●	
B2-10	（ ）月工程进度款报审表		●	●	●	
B2-11	工程变更费用报审表		●	●	●	
B2-12	费用索赔申请表		●	●	●	

32

类别编号	资料名称	资料来源	保存单位			
			施工单位	监理单位	建设单位	城建档案馆
B2-13	工程款支付申请表		●	●	●	
B2-14	工程延期申请表		●	●	●	
B2-15	监理通知回复单		●	●		
B2-16	监理通知		●	●	●	
B2-17	监理抽检记录		●	●	●	
B2-18	旁站监理记录		●	●	●	
B2-19	不合格项处置记录		●	●	●	
B2-20	工程暂停令		●	●	●	
B2-21	工程延期审批表		●	●	●	
B2-22	费用索赔审批表	责任单位	●	●	●	
B2-23	工程款支付证书	监理单位	●	●	●	
B3	**竣工验收监理资料**					
B3-1	单位工程竣工预验收报验单		●	●	●	
B3-2	竣工移交证书		●	●	●	●
B3-3	工程质量评估报告	监理单位		●	●	●
B4	**其他资料**					
B4-1	工作联系单		●	●	●	
B4-2	工程变更单		●	●	●	
C 类	**施工资料**					
C1	**施工管理资料**					
C1-1	工程概况表		●			●
C1-2	施工现场质量管理检查记录		●	●	●	
C1-3	施工日志		●			
C1-4	**工程质量事故资料**					
C1-4-1	工程质量事故调（勘）察记录		●	●	●	●
C1-4-2	工程质量事故报告书		●	●	●	●
C2	**施工技术文件**					
C2-1	施工组织设计（项目管理规划）	施工单位	●			
C2-2	图纸会审记录		●			
C2-3	设计交底记录		●	●	●	●

类别编号	资料名称	资料来源	保存单位			
			施工单位	监理单位	建设单位	城建档案馆
C2-4	技术交底记录		●			
C2 5	工程洽商记录		●	●	●	●
C2-6	工程设计变更通知单		●	●	●	
C2-7	安全交底记录		●			
C3	**施工测量记录**					
C3-1	工程定位测量记录		●	●	●	●
C3-2	基槽验线记录		●		●	●
C4	**施工物质资料**					
C4-1	材料、树苗进行检验记录		●		●	
C4-2	设备开箱检查记录		●			
C4-3	设备及管道附件试验记录		●		●	
C4-4	主要设备、原材料、构配件质量证明文件及复试报告汇总表	供应单位提供	●		●	●
C4-5	**产品合格证**					
C4-5-1	半成品钢筋出厂合格证	供应单位提供	●		●	
C4-5-2	预拌混凝土出厂合格证	供应单位提供	●		●	
C4-5-3	预制混凝土构件出厂合格证	供应单位提供	●		●	
C4-5-4	钢构件出厂合格证	供应单位提供	●		●	
C4-5-5	管材的产品质量证明文件	供应单位提供	●		●	
C4-5-6	低压成套配电柜、动力、照明配电箱（盘柜）出厂合格证、生产许可证、CCC认证及证书复印件	供应单位提供	●		●	
C4-5-7	电力变压器、高压成套配电柜、蓄电池组、不间断电源柜、控制柜（屏、台）出厂合格证、生产许可证	供应单位提供	●		●	
C4-5-8	电动机、电动执行机构和低压开关设备合格证、生产许可证、CCC认证及证书复印件	供应单位提供	●		●	
C4-5-9	照明灯具、开关、插座及附件出厂合格证、CCC认证及证书复印件	供应单位提供	●		●	
C4-5-10	电线、电缆出厂合格证、生产许可证、CCC认证及证书复印件	供应单位提供	●		●	

类别编号	资料名称	资料来源	保存单位			
			施工单位	监理单位	建设单位	城建档案馆
C4-5-11	导管、电缆桥架和线槽出厂合格证	供应单位提供	●		●	
C4-5-12	型钢、电焊条合格证和材质证明书	供应单位提供	●		●	
C4-5-13	镀锌制品和外线金属合格证和镀锌证明书	供应单位提供	●		●	
C4-5-14	封闭母线、插接母线合格证、安装技术文件、CCC认证及证书复印件	供应单位提供	●		●	
C4-5-15	裸母线、裸导线、电缆头部件及接线端子、钢制灯柱、混凝土电杆合格证	供应单位提供	●		●	
C4-6	**检测报告**					
C4-6-1	钢材性能检测报告	供应单位提供	●		●	●
C4-6-2	水泥性能检测报告	供应单位提供	●		●	
C4-6-3	外加剂性能检测报告	供应单位提供	●		●	
C4-6-4	防水材料性能检测报告	供应单位提供	●		●	
C4-6-5	砖（砌块）性能检测报告	供应单位提供	●		●	
C4-6-6	饰面板材性能检测报告	供应单位提供	●		●	
C4-6-7	饰面石材性能检测报告	供应单位提供	●		●	
C4-6-8	饰面砖性能检测报告	供应单位提供	●		●	
C4-6-9	玻璃性能检测报告（安全玻璃应有安全检测报告）	供应单位提供	●		●	
C4-6-10	钢结构用焊接材料检测报告	供应单位提供	●		●	
C4-6-11	木结构材料检测报告（含水率、木构件、钢件）	供应单位提供	●		●	
C4-6-12	给水管道材料卫生检测报告	供应单位提供	●		●	
C4-6-13	卫生洁具环保检测报告	供应单位提供	●		●	
C4-7	**材料试验报告**					
C4-7-1	材料试用报告（通用）		●		●	●
C4-7-2	水泥试验报告	检测单位提供	●		●	●

类别编号	资料名称	资料来源	保存单位			
			施工单位	监理单位	建设单位	城建档案馆
C4-7-3	砌筑砖（砌块）试验报告	检测单位提供	●		●	●
C4-7-4	砂试验报告	检测单位提供	●		●	●
C4-7-5	碎（卵）石试验报告	检测单位提供	●		●	●
C4-7-6	混凝土外加剂试验报告	检测单位提供	●		●	
C4-7-7	混凝土掺合料试验报告	检测单位提供	●		●	
C4-7-8	钢材试验报告	检测单位提供	●		●	●
C4-7-9	预应力筋复试报告	检测单位提供	●		●	●
C4-7-10	锚具检验报告	检测单位提供	●		●	
C4-7-11	防水涂料试验报告	检测单位提供	●		●	●
C4-7-12	防水卷帘试验报告	检测单位提供	●		●	
C4-7-13	轻骨料试验报告	检测单位提供	●		●	
C4-7-14	装饰装修用人造木板复试报告	检测单位提供	●		●	
C4-7-15	装饰装修用外墙面砖复试报告	检测单位提供	●		●	
C4-7-16	安全玻璃复试报告	检测单位提供	●		●	
C4-7-17	园路广场用花岗石复试报告	检测单位提供	●		●	
C4-7-18	园路广场用料石复试报告	检测单位提供	●		●	
C4-7-19	园路广场用地面砖复试报告	检测单位提供	●		●	
C4-7-20	钢结构用材复试报告	检测单位提供	●		●	●
C4-7-21	钢结构用焊接材料复试报告	检测单位提供	●		●	
C4-7-22	木结构材料复试报告	检测单位提供	●			
C4-7-23	有见证取样和送检见证人员备案书		●	●	●	
C4-7-24	见证记录		●	●	●	
C4-7-25	有见证试验汇总表		●	●	●	●
C5	**施工记录**					
C5-1	**通用记录**					
C5-1-1	隐蔽工程检查记录		●		●	●
C5-1-2	预检记录		●			

类别编号	资料名称	资料来源	保存单位			
			施工单位	监理单位	建设单位	城建档案馆
C5-1-3	施工检查记录（通用）		●			
C5-1-4	交接检查记录		●			
C5-2	**园林建筑及附属设施**					
C5-2-1	地基验槽检验记录		●		●	●
C5-2-2	地基处理记录		●		●	●
C5-2-3	地基钎探记录		●		●	●
C5-2-4	混凝土浇灌申请书		●	●		
C5-2-5	预拌混凝土运输单		●			
C5-2-6	混凝土开盘鉴定		●			
C5-2-7	混凝土浇灌记录		●			
C5-2-8	混凝土养护测温记录		●			
C5-2-9	预应力筋张拉数据记录		●		●	●
C5-2-10	预应力筋张拉记录（一）		●		●	●
C5-2-11	预应力筋张拉记录（二）		●		●	●
C5-2-12	预应力张拉孔道灌浆记录		●		●	●
C5-2-13	焊接材料烘焙记录		●			
C5-2-14	构件吊装记录		●			
C5-2-15	防水工程试水检查记录	专业施工单位	●		●	
C5-2-16	钢结构施工记录	专业施工单位	●		●	
C5-2-17	网架（索膜）施工记录	专业施工单位	●		●	
C5-2-18	木结构施工记录	专业施工单位	●		●	
C5-3	**园林用电**					
C5-3-1	电缆敷设检查记录		●		●	
C5-3-2	电气照明装置安装检查记录		●		●	
C5-3-3	电线（缆）钢导管安装检查记录		●		●	
C5-3-4	成套开关柜（盘）安装检查记录		●		●	
C5-3-5	盘、柜安装及二次接线检查记录		●		●	
C5-3-6	避雷装置安装检查记录		●		●	

类别编号	资料名称	资料来源	保存单位			
			施工单位	监理单位	建设单位	城建档案馆
C5-3-7	电机安装检查记录		●		●	
C5-3-8	电缆头（中间接头）制作记录		●		●	
C5-3-9	供水设备供电系统调试记录		●		●	
C6	**施工试验记录**					
C6-1	**通用记录**					
C6-1-1	施工试验记录		●		●	●
C6-1-2	设备单机试运转记录		●		●	●
C6-1-3	系统试运转调试记录		●		●	●
C6-2	**园林建设及附属设备**					
C6-2-1	锚杆、土钉锁定力（抗拔力）试验报告	检测单位提供	●		●	
C6-2-2	地基承载力检验报告	检测单位提供	●		●	●
C6-2-3	土工基石试验报告		●		●	●
C6-2-4	回填土试验报告（应附图）		●		●	
C6-2-5	钢筋机械连接型式检验报告	技术提供单位提供	●		●	
C6-2-6	钢件连接工艺检验（评定）报告	检测单位提供	●		●	
C6-2-7	钢筋连接试验报告		●		●	●
C6-2-8	砂浆配合比申请单、通知单		●			
C6-2-9	砂浆抗压强度试验报告		●		●	
C6-2-10	砂浆试块强度统计、评定记录		●		●	●
C6-2-11	混凝土配合比申请单、通知单		●			
C6-2-12	混凝土抗压强度试验报告		●		●	
C6-2-13	混凝土试块强度统计、评定记录		●		●	●
C6-2-14	混凝土抗渗试验报告		●		●	●
C6-2-15	饰面砖粘结强度试验报告		●		●	
C6-2-16	后置埋件抗拔试验报告	检测单位提供	●		●	
C6-2-17	超声波探伤报告		●		●	●
C6-2-18	超声波探伤记录		●		●	●

类别编号	资料名称	资料来源	保存单位			
			施工单位	监理单位	建设单位	城建档案馆
C6-2-19	钢构件射线探伤报告		●		●	●
C6-2-20	磁粉探伤报告	检测单位提供	●		●	●
C6-2-21	高强螺栓抗滑移系数检测报告	检测单位提供	●		●	
C6-2-22	钢结构涂料厚度检测报告	检测单位提供	●		●	
C6-2-23	木结构胶缝试验报告	检测单位提供	●		●	
C6-2-24	木结构构件力学性能试验报告	检测单位提供	●		●	
C6-2-25	木结构防护剂试验报告	检测单位提供	●		●	
C6-3	**园林给水排水**					
C6-3-1	灌（满）水实验记录		●			
C6-3-2	强度严密性试验报告		●		●	●
C6-3-3	通水试验记录		●			
C6-3-4	吹（冲）洗（脱脂）试验记录		●			
C6-3-5	通球试验记录		●		●	
C6-4	**园林用电**					
C6-4-1	电气接地电阻试验记录		●		●	●
C6-4-2	电气接地装置隐检与平面示意图表		●		●	●
C6-4-3	电气绝缘电阻测试记录		●		●	
C6-4-4	电气器具通电安全检查记录		●		●	
C6-4-5	电气设备空载试运行记录		●		●	
C6-4-6	建筑物照明通电试运行记录		●		●	
C6-4-7	大型照明灯具承载试验记录		●		●	
C6-4-8	漏电开关模拟试验记录		●		●	
C6-4-9	大容量电气线路节点测温记录		●		●	
C6-4-10	避雷带支架拉力测试记录		●		●	
C7	**施工验收资料**					
C7-1	工程竣工报告（施工总结）	施工单位编制	●	●	●	●
C7-2	检验批质量验收记录		●	●		

类别编号	资料名称	资料来源	保存单位			
			施工单位	监理单位	建设单位	城建档案馆
C7-3	分项工程质量验收记录		●	●		
C7-4	分部（子分部）工程质量验收记录		●	●	●	●
C7-5	单位（子单位）工程质量竣工验收记录		●	●	●	●
C7-6	单位（子单位）工程质量控制资料审查记录		●	●	●	
C7-7	单位（子单位）工程安全和功能检验资料核查及主要功能抽查记录		●	●	●	
C7-8	单位（子单位）工程观感质量检查记录		●	●		
D 类	**竣工图**					
E	**工程资料、档案封面及目录**					
E1	**工程资料封面及目录**					
E1-1	工程资料案卷封面		●		●	
E1-2	工程资料卷内目录		●		●	
E1-3	分项目录（一）		●		●	
E1-4	分项目录（二）		●		●	
E1-5	工程资料卷内备考表		●	●	●	
E2	**城市建设档案封面与目录**					
E2-1	城市建设档案案卷封面				●	●
E2-2	城市建设档案卷内目录				●	●
E2-3	城市建设档案案卷审核备考表				●	
E3	**工程资料与城建档案移交书**					
E3-1	工程资料移交书				●	●
E3-2	城市建设档案缩微品移交书				●	●
E3-3	工程资料移交目录				●	●
E3-4	工程资料移交目录				●	●
E3-5	城市建设档案移交目录				●	●

2.1.2 园林工程资料管理

1. 工程资料编号组成

（1）工程资料应填入右上角的编号栏。

（2）一般情况下，工程资料编号采用9位编号，由子单位工程代号（2位）、子单位分部工程代号（2位）、资料类别编号（2位）和顺序号（3位）组成，每部分之间用横线隔开。

编号形式为：

$$×× — ×× — ×× — ××× →共9位编号$$

$$① \qquad ② \qquad ③ \qquad ④$$

①为子单位工程代号（2位），应依据资料所属的分部工程填写。

②为子单位分部工程代号（2位），应依据资料所属的子单位分部工程填写。

③为资料的类别编号（2位），应依据资料所属类别，按表2-1规定的类别编号填写。

④为顺序号（3位），应依据相同表格、相同检查项目，按时间自然形成的先后顺序号填写。

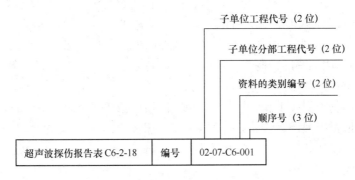

2. 监理资料编号

（1）监理资料编号应填入右上角的编号栏。

（2）对于相同的表格或相同的文件材料，应分别按时间自然形成的先后顺序从001开始，连续进行标注。

（3）监理资料中的《施工测量定点放线报验表》、《工程物资进场报验表》应根据报验项目编号，而对于相同的报验项目，则应分别按时间自然形成的先后顺序从001开始，连续标注。

3. 资料管理职责

（1）一般规定

1）园林工程资料的形成应满足国家相关的法律、法规、施工质量验收标准和规范、工程合同与设计文件等的规定要求。

2）园林工程的各参建单位应把工程资料的形成和积累纳入工程建设管理的各个环节以及相关人员的职责范围。

3）园林工程资料应随工程进度同步进行收集、整理并按规定移交。

4）园林工程资料应该实行分级管理制度，由建设、监理、施工单位主管（技术）负责人组织本单位工程资料的全过程管理工作。建设过程中工程资料的收集、整理工作以及审核工作应有专人负责，并按要规定取得相应的岗位资格。

5）园林工程各参建单位应保证各自文件的有效、真实、完整和齐全，对工程资料进行涂改、伪造、随意抽撤或损毁、丢失等的，应按相关规定予以处罚，情节严重的，应依法追究法律责任。

（2）建设单位管理职责

1）应负责基建文件的管理工作，并设置专人对基建文件进行收集、整理及归档。

2）在工程招标及与勘察、设计、施工、监理等单位签订协议、合同时，应对工程文件的套数、费用、质量、移交时间等均提出明确要求。

3）必须要向参与园林工程建设的勘察、设计、施工、监理等单位提供关于园林工程建设的资料。

4）由建设单位采购的材料、构配件及设备，建设单位应保证材料、构配件和设备符合设计文件以及合同要求，并保证相关物资文件的完整、真实和有效。

5）收集和整理工程准备阶段、竣工验收阶段形成的文件，并进行立卷归档。

6）负责组织、监督和检查勘察、设计、施工、监理等单位的工程文件的产生形成、积累和立卷归档工作；也可委托监理单位监督、检查工程文件的形成、积累和立卷归档工作。

7）对于须建设单位签认的园林工程资料应签署意见。

8）应收集和汇总勘察、设计、监理以及施工等单位立卷归档的园林工程档案。

9）应负责组织竣工图的绘制工作，也可以委托施工单位、监理单位或设计单位，并依据相关文件规定承担费用。

10）在组织园林工程竣工验收之前，应提请当地的城建档案管理部门对工程档案进行预验收；其中未取得工程档案验收认可的文件，不得组织工程竣工验收。

11）对于列入城建档案馆（室）接收范围的园林工程，工程竣工验收后3个月之内，向当地城建档案馆（室）移交一套符合规定要求的园林工程档案。

（3）勘察、设计单位管理职责

1）应依据合同和规范要求提供勘察、设计文件。

2）对须由勘察、设计单位签认的园林工程资料应签署意见。

3）园林工程竣工验收，应出具工程质量检查报告。

（4）监理单位管理职责

1）应负责监理资料的管理工作，并设置专人对监理资料进行收集、整理及归档。

2）应根据合同约定，检查工程资料的真实性、完整性与准确性，并对按规定项目由监理签认的工程资料予以签认。

3）列入城建档案馆接收范围的监理资料，监理单位应在工程竣工验收后三个月之内移交建设单位。

（5）施工单位管理职责

1）应负责园林工程施工资料的管理工作，实行主管负责人负责制度，逐级建立健全施工资料管理岗位责任制度。

2）总承包单位要负责汇总、审核各分包单位编制的施工资料。分包单位应负责其分包范围之内的施工资料的收集和整理，并对施工资料的真实性、完整性以及有效性负责。

3）应在工程竣工验收前，把工程的施工资料整理、汇总工作完成，并移交建设单位进行工程竣工验收。

4）负责编制的园林工程施工资料除要自行保存一套之外，还要移交建设单位两套，其中包括移交城建档案馆原件一套。资料的保存年限应符合相应规定。若建设单位对施工资料的编制套数有特殊要求的，可作另行约定。

（6）城建档案馆管理职责

1）负责接收、保管城建档案的日常管理工作。

2）城建档案管理机构应对园林工程文件的立卷归档工作进行监督、检查及指导。在园林绿化工程竣工验收之前，应对工程档案进行预验收，在验收合格后，须出具工程档案认可文件。

4. 资料编制质量要求

（1）工程资料应能真实反映工程的实际情况，具有长期和永久保存价值的材料必须完整、准确及系统。

（2）工程资料应使用原件，若因各种原因不能使用原件，则应在复印件上加盖原件存放单位公章、注明原件存放处、并有经办人的签字和时间。

（3）工程资料应确保字迹清晰，签字、盖章手续齐全，签字必须使用档案规定的用笔。计算机形成的工程资料应采用内容打印、手工签名的形式。

（4）施工图的变更、洽商绘图应满足技术要求。凡采用施工蓝图改绘竣工图的，必须使用反差明显的蓝图，竣工图图面应整洁。

（5）工程档案的填写及编制应符合档案缩微管理与计算机输入的要求。

（6）工程档案的缩微制品，必须按国家缩微标准进行制作，主要技术指标（密度、解像力、海波残留量等）应符合国家标准规定，保证质量，能够适应长期安全保管。

（7）工程资料的照片（含底片）及声像档案，应图像清晰，声音清楚，文字说明、内容准确。

2.2 园林监理员资料管理流程

2.2.1 基建文件管理

1. 基建文件管理规定

（1）基建文件必须按相关行政主管部门的规定和要求进行申报、审批，并确保开、竣工手续和文件完整、齐全。

（2）工程竣工验收应由建设单位组织勘察、设计、监理、施工等相关单位进行，并要形成竣工验收文件。

（3）工程竣工后，建设单位应负责工程竣工备案工作。根据关于竣工备案的有关规定，提交完整的竣工备案文件，报竣工备案管理部门备案。

2. 基建文件管理流程

基建文件管理流程，如图 2-1 所示。

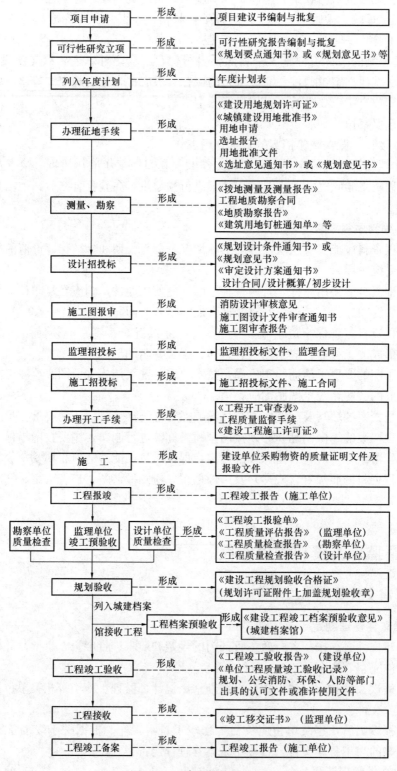

图 2-1　基建文件管理流程

2.2.2 施工资料管理

1. 施工资料管理规定

（1）施工资料应实行报验、报审管理。施工过程中形成的资料应按照报验、报审程序，通过相关施工单位相关部门审核后，方可上报建设（监理）单位。

（2）施工资料的报验、报审应有时限性要求。工程相关各单位宜在合同中约定报验、报审资料的申报时间及审批时间，并约定好应承担的责任。当无约定时，施工资料的申报、审批不得影响正常施工。

（3）建筑工程实行总承包的，应在与分包单位签订施工合同中明确施工资料的移交套数、移交时间、质量要求及验收标准等。分包工程完工后，应将相关施工资料按照约定移交。

2. 施工资料管理流程

（1）施工技术资料管理流程，如图 2-2 所示。

（2）施工物资资料管理流程，如图 2-3 所示。

（3）分项工程质量验收资料管理流程，如图 2-4 所示。

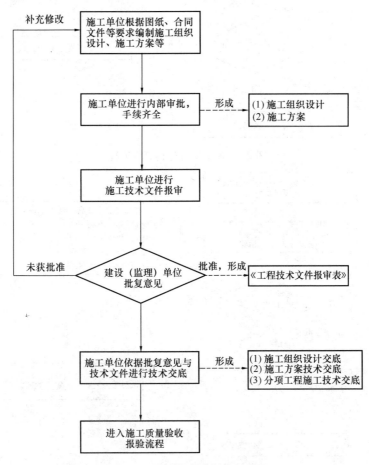

图 2-2 施工技术资料管理流程

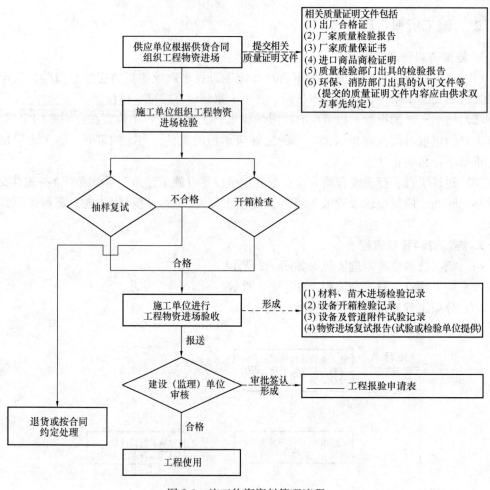

图 2-3　施工物资资料管理流程

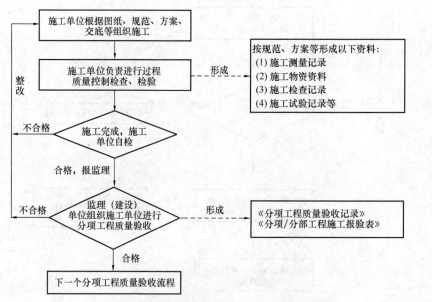

图 2-4　分项工程质量验收资料管理流程

（4）分部工程质量验收资料管理流程，如图 2-5 所示。

（5）工程验收资料管理流程，如图 2-6 所示。

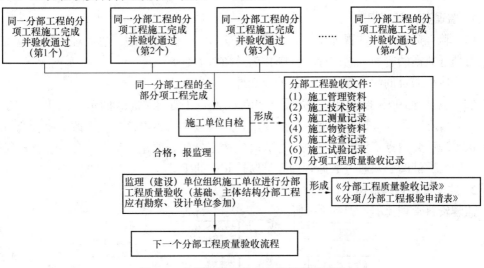

图 2-5　分部工程质量验收资料管理流程

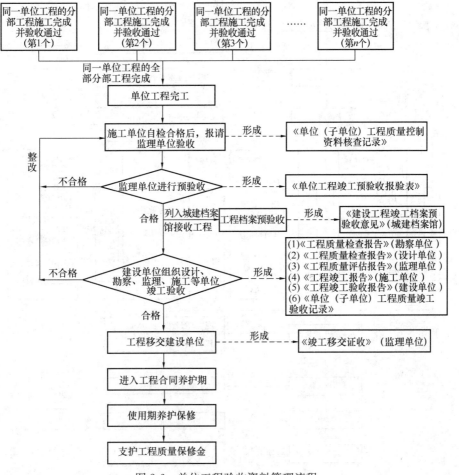

图 2-6　单位工程验收资料管理流程

2.2.3 监理资料管理

1. 监理资料管理规定

（1）监理资料的日常管理要及时整理、真实齐全、分类有序。总监理工程师应指定专人进行监理数据的管理，总监理工程师作为总负责人。

（2）应根据合同约定审核勘察、设计文件。

（3）应对施工单位报送的施工资料进行审查，使施工资料完整、准确，合格后予以签认。

（4）监理工程师应按照监理资料的要求，认真核实，不得接受经涂改的报验资料，并在审核整理后交数据管理人员存放。存放时应按照分部分项建立案卷，分专业存放保管并编目。收发、借阅必须通过数据管理人员履行相应的手续。

2. 监理资料管理流程

监理资料管理流程，如图 2-7 所示。

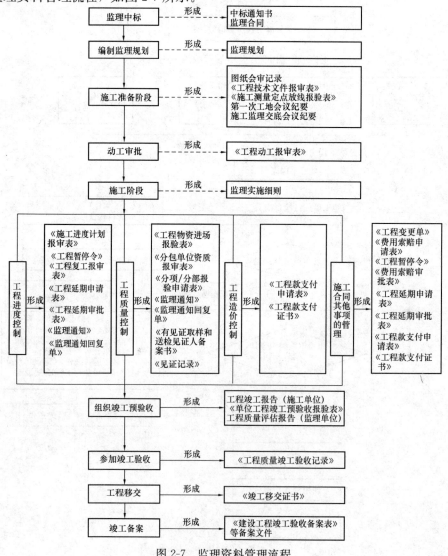

图 2-7 监理资料管理流程

2.3 园林工程监理资料

2.3.1 监理规划

监理规划是指导监理工作的纲领性文件。监理规划是根据监理大纲及委托监理合同编制的，在指导项目监理部工作方面起着重要作用。监理规划是编制监理实施细则的重要依据。

监理规划的编制如下：

（1）工程监理规划的编制程序与原则。

1）总监理工程师在签订委托监理合同及收到设计文件之后，组织专业监理工程师编写监理规划，经由监理单位技术负责人审查批准之后，在召开第一次工地会议前报送建设单位。

2）监理规划内容要具有针对性，要求做到控制目标明确、控制措施有效，工作程序合理、工作制度健全，职责明确，对监理工作的进行具有实际指导作用。

3）监理规划在监理工作实施过程中，若实际情况或条件发生重大变化而需要进行相应调整时，应由总监理工程师组织专业监理工程师进行研究修改，按原报审程序经过批准后报建设单位。

（2）编制监理规划的依据：

1）国家相关的工程建设的技术标准、规程、规范。

2）园林绿化工程建设的相关法律、法规及项目审批文件。

3）与园林绿化工程项目有关的标准、技术资料、设计文件。

4）委托监理合同及园林绿化工程项目有关的合同文件。

（3）监理规划主要内容：

1）工程项目概况：

①工程名称、地点和规模。

②工程类型、工程特点。

③工程质量要求。

④工程参建单位名录（建设单位、设计单位、承包单位、主要分包单位等）。

2）监理工作范围：指监理单位所要承担监理任务的工程范围。

3）监理工作内容：质量控制、进度控制、投资控制、安全监督、合同管理、信息管理。

4）监理工作目标：园林绿化工程监理控制达到合同的预期目标。

5）监理工作依据：

①关于园林绿化工程建设方面的法律、法规。

②政府有关部门批准的建设文件。

③园林绿化工程承包合同。

④园林建设工程委托监理合同。

6）项目监理部的组织机构。

7）项目监理部的人员配制计划。

8）项目监理部的人员岗位职责。

9）监理工作程序。

10）监理工作的方法及措施。其中主要包括：投资控制目标方法与措施、进度控制目标方法与措施、质量控制目标方法与措施、合同管理的方法与措施、信息管理的方法及安全监督的方法与措施。

11）监理工作制度。主要包括：设计文件、图纸审查制度、施工图纸会审及设计交底制度、施工组织设计审核制度、工程开工申请审批制度、工程材料质量检验制度、隐蔽工程、分项（分部）工程质量验收制度、设计变更处理制度、单位工程总监验收制度、工程质量事故处理制度、施工进度监督及报告制度、工程竣工验收制度、监理工作会议制度、项目监理部对外行文审批制度、监理工作日志制度、监理月报制度、技术经济资料及档案管理制度等。

12）监理设施。办公设施、通信设施、交通设施、生活设施、常规检测设备和工具。

（4）监理规划应一式三份，建设单位一份，监理单位留存一份，项目监理部一份。

2.3.2 监理实施细则

（1）编制原则：

1）针对技术复杂、专业性较强的工程项目编制。

2）应结合专业特点做到详尽、具体，具有可操作性。

（2）编制程序：

应在相应工程施工开始前由专业监理工程师编制完成，并应经总监理工程师批准。

（3）编制依据：

1）与专业工程相关的标准、设计文件和技术资料。

2）已批准的监理规划。

3）已审定的施工组织设计。

（4）主要内容：

1）监理工作的流程。

2）专业工程的特点。

3）监理工作的控制要点与目标值。

4）监理工作的方法与措施。

（5）在监理工作实施过程中，监理实施细则应依据实际情况进行补充和完善。

2.3.3 监理月报

项目监理部每月以《监理月报》的形式向建设单位报告本月的监理工作情况。使建设单位了解有关工程的基本情况，同时也掌握工程进度、质量、投资及施工合同的各项目标完成的监理控制情况。

监理月报应要客观反映工程进展状况以及监理工作情况，必须做到资料准确、重点突出、语言简练并附有必要的图表与照片。

1. 监理月报的内容

（1）工程概况

1）工程基本情况。

①工程名称、工程地点、建设单位、设计单位、承包单位、行政主管部门。

②工程类别及项目（按园林绿化工程类别、项目相关框图填报），总平面示意图，工程占地面积，重点项目规模数量等方面的描述。

③合同约定的质量目标，工期要求以及合同价款等。

2）施工基本情况。

①施工部位。

②施工中的不利因素。

③施工中的顺利因素。

（2）承包单位工程施工组织系统

1）施工单位组织框架图及主要负责人。

2）主要分包单位承担分包工程的情况。

（3）工程进度

1）工程实际完成情况同总进度计划对比结果。

2）本期完成情况与本期进度计划比较结果。

3）本期工、料、机动态情况。

4）对进度的完成情况的分析（含停工、复工情况）。

5）本期为完成计划进度所采取的措施及其效果。

6）有关本期施工项目的照片。

（4）工程质量

1）分项、分部验收情况：承包单位自检、监理单位签认，一次验收合格率等。

2）关于施工的试验情况。

3）工程质量情况分析。

4）施工中所存在的质量问题。

5）本期为保证工程质量采取的措施及其效果。

（5）工程计量及支付情况

1）工程量审批情况。

2）工程款审批与支付情况。

3）本期为使工程计量准确采取的措施及其效果。

（6）工程材料、构配件与设备情况

1）承包单位采购、供应、进场以及质量情况。

2）对供应厂家资质的考察情况。

（7）合同其他事项的监理情况

1）工程变更情况：内容与数量。

2）工程延期情况：申请报告的主要内容与审批情况。

3）费用索赔情况：次数、原因、数量、审批情况。

（8）施工期间天气影响情况

（9）项目监理部组成与工作统计

1）组成人员。

2）监理工作统计。

（10）本期监理工作小结

1）有关本期工程进度、质量、价款支付等方面的综合评价。

2）意见与建议。

3）下期监理工作的重点。

4）附本期施工过程中必要的资料照片。

2. 监理月报格式及相关表格

（1）封面

监理月报封面，见表 2-2。

监理月报封面 **表 2-2**

××××××工程   监　理　月　报   年　　　　度： 月　　　　份： 总监理工程师：   ××××××监理公司 ××××××项目监理部 年　　月　　日

（2）工程概况

工程基本情况表，见表 2-3。

工程基本情况表　　　　　　　　　　　　　　　　　　表 2-3

工程名称	××工程						
工程地点	××××						
工程性质							
建设单位							
勘察单位							
设计单位							
承包单位							
质监单位							
开工日期	××年×月×日		竣工日期	××年×月×日		工期天数	
质量目标			合同价款			承包方式	
工程项目一览表							
单位工程名称	建筑面积/m²	结构类型	地上（地）下层数	檐高/m	基础及埋深	设备安装	工程造价/元
工程施工基本情况							

（3）工程实际完成情况与总进度计划比较

工程实际完成情况与总进度计划比较表，见表 2-4。

工程实际完成情况与总进度计划比较表　　　　　　　表 2-4

序号	年月	分部工程名称	月												年					
			1	2	3	4	5	6	7	8	9	10	11	12	1	2	3	4	5	6

计划进度 ＝＝＝＝＝　　　　　　实际进度 ——————　　　　　　制表人：

（4）本月实际完成情况与进度计划比较

本月实际完成情况与进度计划比较表，见表 2-5。

本月实际完成情况与进度计划比较表　　　　　　　表 2-5

序号	日期 分部 分项工程	×月						×月																							
		26	27	28	29	30	31	1	2	3	4	5	6	7	8	9	10	11	12	13	14	15	16	17	18	19	20	21	22	23	24	25	26

计划进度 ＝＝＝＝＝　　　　　　实际进度 ——————　　　　　　制表人：

54

（5）本月工、料、机动态情况

本月工、料、机动态情况表，见表2-6。

本月工、料、机动态情况表 表2-6

人工	工种							其他	合计
	人数								
	持证人数								
工程主要材料	名称	单位	上月存量		本月存量		本月库存		本月使用
	名称		生产厂家			规格型号		数量	
主要机具									

制表人：

（6）分项、分部验收情况

分项工程验收表、分部工程验收表，见表2-7、表2-8。

分项工程验收表 表2-7

序号	工程部位	分项工程	报验单号	验收情况	
				承包单位自检	监理单位签验

本期一次验收合格率：____%

制表人：

分部工程验收表   表 2-8

序号	分部工程名称	本月		累计	
		合格数量	合格率%	合格数量	合格率%

制表人：

（7）主要施工试验情况

主要施工材料及成品试样试验情况表，见表 2-9。

主要施工材料及成品试样试验情况表   表 2-9

序号	试验编码	试验内容	施工项目	试验结论	监理结论

制表人：

（8）工程款审批及支付情况

工程款审批及支付汇总表，见表 2-10。

工程款审批及支付汇总表

表 2-10

单位：元

序号	工程项目内容	至上月累计		本期		到本期累计		备注
		申报额	核定额	申报额	核定额	申报额	核定额	
工程名称	××园林工程		合同价					
	合计							
	实际付款							

制表人：

（9）监理工作统计

监理工作统计表，见表 2-11。

監理工作統計表　　　　表 2-11

序号	项目名称	单位	本年度		总计
			本期	累积	
1	监理例会	次			
2	审核施工组织设计	次			
	提出建议和意见	条			
3	审核施工进度计划	次			
	提出建议和意见	条			
4	审图	次			
	提出建议和意见	条			
5	发出监理通知	次			
	内容	条			
6	审定分包单位	家			
7	审定原材料	次			
8	审核构配件	次			
9	审核设备	次			
10	分项工程质量验收	次			
11	分部工程质量验收	次			
12	不合格项处置	次			
13	监理抽样、复试	次			
14	监理见证取样	次			
15	签认设计变更、工程洽商	次			
16	发出工程暂停令	次			
17	专题监理会议	次			
18	监理旁站	次			
19	考察生产专家	次			

制表人：

2.3.4　监理会议纪要

1. 第一次工地会议

第一次工地会议纪要，见表 2-12。

第一次工地会议纪要

表 2-12

单位工程名称		××工程		工程造价/万元	××
建筑面积	××	结构类型、层数		××	
建设单位		××××		项目负责人	×××
勘察单位		××××		项目负责人	×××
设计单位		××××		项目负责人	×××
施工单位		××××		项目经理	×××
监理单位		××××		总监理工程师	×××
会议时间	××	地点	××	主持人	×××
签到栏：×××，×××，×××					
会议内容纪要：					
建设单位驻现场的组织机构、人员及分工情况：					
施工单位驻现场的组织机构、人员及分工情况：					
监理单位驻现场的组织机构、人员及分工情况：					
建设单位根据委托监理合同宣布对总监理工程师的授权：					
建设单位介绍工程开工准备情况：					
施工单位介绍施工准备情况：					
建设单位对施工准备情况提出意见和要求：					
总监理工程师对施工准备情况提出的意见和要求：					
总监理工程师介绍监理规划的主要内容：					
研究确定的各方在施工过程中参加工地例会的主要人员： 建设单位： 施工单位： 监理单位： 召开工地例会周期、地点及主题会议：					

2. 工地例会

工地例会，见表 2-13。

工 地 例 会　　　　　　　　　　　　表 2-13

工程名称	××工程		
会议名称	关于××会议	总监理工程师	×××
会议时间	××年×月×日	地点	×××
签到栏： ×××，×××，×××			
会议内容纪要：			
检查上次例会议定事项的落实情况、分析未完事项原因：			
检查分析工程项目进度计划完成情况，提出下一阶段进度目标及其落实措施：			
检查工程量核定及工程款支付情况：			
解决需要协调的有关事项：			
其他有关事宜：			

3. 专题会议

专题会议表格形式，见表 2-14。

专 题 会 议　　　　　　　　　　　　表 2-14

编号：×××

工程名称	××工程		
会议名称	关于××会议	主持人	×××
会议时间	××年×月×日	地点	×××
签到栏： ×××，×××，×××			
会议内容纪要：			

2.3.5　监理日志

将项目监理部的监理工作作为记载对象，从监理工作开始起到监理工作结束，应由专人负责逐日记载。

监理日志是监理实施监理活动的最原始记录，是执行监理委托合同、编制监理竣工文件以及处理索赔、延期、变更的重要依据，是监理档案的基本组成部分，是分析质量问题的重要原始依据。它充分反映在工程建设过程中监理人员参与工程投资、进度、质量、合同管理以及现场协调的实际情况。它对监理工作的重要性体现在以下几方面：

（1）监理日志是监理公司、监理工程师工作内容、效果的重要外在体现。管理部门也主要通过监理日志的记录内容来了解监理公司的管理活动情况。

（2）通过监理日志，监理工程师可以对一些质量问题以及一些重要事件进行准确追溯和定位，为监理工程师的重要决定提供依据。

（3）对监理日志进行统计及总结，也可以为监理月报、质量评估报告、监理工作总结、监理全会等提供重要内容。

2.3.6 监理工作总结

（1）施工阶段监理工作结束后，监理单位应向建设单位提交项目监理工作总结。

（2）工程监理工作总结的主要内容。

1）工程概况。

2）监理组织机构、监理人员及投入的监理设施。

3）监理工作成效。

4）监理合同履行情况。

5）施工过程中出现的问题及其处理情况与建议。

6）必要的工程照片资料。

2.4 园林工程竣工验收资料

2.4.1 园林工程竣工验收资料内容和要求

1. 工程竣工报告（施工总结）

《工程完工后由施工单位编写工程竣工报告（施工总结）》，其主要内容包括：

（1）工程概况：工程名称，工程地址，工程结构类型及特点，主要工程量，建设、勘察、设计、监理、施工（含分包）单位名称，施工单位项目经理、技术负责人、质量管理负责人等情况。

（2）工程施工过程：开工、完工日期，主要/重点施工过程的简要描述。

（3）合同及设计约定施工项目的完成情况。

（4）工程质量自检情况：评定工程质量采用的标准，自评的工程质量结果（对施工主要环节质量的检查结果，有关检测项目的检测情况、质量检测结果，功能性试验结果，施工技术资料和施工管理资料情况）。

（5）主要设备调试情况。

（6）其他需说明的事项：有无甩项，有无质量遗留问题，需说明的其他问题，建设行政主管部门及其委托的工程质量监督机构等有关部门责令整改问题的整改情况。

（7）经质量自检，工程是否具备竣工验收条件。

项目经理、单位负责人签字，单位盖公章，填写报告日期；有监理的工程还应由总监理工程师签署意见并签字。

2. 检验批质量验收记录

（1）检验批质量验收的程序和组织。检验批施工完成，施工单位自检合格后，应由项目专业质量检查员填报《检验批质量验收记录表》按照质量验收规范的规定，检验批质量验收应由监理工程师（建设单位项目专业技术负责人）组织项目专业质量检查员等进行验收并签认。

（2）检验批质量验收记录表的填写要求。

1）表头的填写：

①单位（子单位）工程名称按照合同文件上的单位工程名称填写，子单位工程要标出该部分的位置。

②分部（子分部）工程名称按照划定的分部（子分部）名称填写。

③验收部位是指一个分项工程中验收的那个检验批的抽样范围，要根据实际情况标注清楚。

④检验批验收记录表中，施工执行标准名称及编号应填写施工所执行的工艺标准的名称及编号，例如，可以填写所采用的企业标准、地方标准、行业标准或国家标准；若未采用上述标准，则也可填写实际采用的施工技术方案等依据，另外，填写时要将标准名称及编号填写齐全，此栏不应填写验收标准。

⑤表格中工程参数等要如实填写，施工单位、分包单位名称宜写全称，并同合同上公章名称要一致，另外，注意各表格填写的名称应相互一致；项目经理应填写合同中指定的项目负责人，分包单位的项目经理也应是合同中指定的项目负责人，表头签字处不需要本人签字的地方，由填表人填写即可，只是标明具体的负责人。

2）"施工质量验收规范的规定"栏制表时按 4 种情况填写：

①直接写入：将主控项目、一般项目的要求写入。

②简化描述：将质量要求作简化描述，作为检查提示。

③写入条文号：当文字较多时，只将引用标准规范的条文号写入。

④写入允许偏差：对定量要求，将允许偏差直接写入。

3）填写"施工单位检查评定记录"栏，应遵守下列要求：

①对定量检查项目，当检查点少时，可在表中直接填写检查数据；当检查点数较多填写不下时，可以在表中填写综合结论，比如"共检查 20 处，半均 4mm，最大 7mm"、"共检查 36 处，全部合格"等字样，此时应将原始检查记录附在表后。

②对定性类检查项目，可填写"符合要求"或用符号表示，打"√"或打"×"。

③对既有定性又有定量的项目，当各个子项目质量均符合规范规定时，可填写"符合要求"或打"√"，不符合要求时打"×"。

④在一般项目中，规范对合格点百分率有要求的项目，也可填写达到要求的检查点的百分率。

⑤对混凝土、砂浆强度等级，可先填报告份数和编号，待试件养护至 28d 试压后，再对检验批进行判定和验收，应将试验报告附在验收表后。

⑥主控项目不得出现"×"，当出现打"×"时，应进行返工修理，使之达到合格；一般项目不得出现超过 20%的检查点打"×"，否则应进行返工修理。

⑦有数据的项目，将实际测量的数值填入格内。"施工单位检查评定记录"栏应由质量检查员填写。填写内容：可为"合格"或"符合要求"，也可为"检查工程主控项目、一般项目均符合《×××××质量验收规范》（GB ××××）的要求，评定合格"等。质量检查员代表企业逐项检查评定合格后，应如实填表并签字，然后交监理工程师或建设单位项目专业技术负责人验收。

4）"监理单位验收记录"栏：

通常情况下，监理人员应在验收前采用平行、旁站或巡回等方法进行监理，对施工质量抽查，对重要项目作见证检测，对新开工程、首件产品或样板间等进行全面检查。以全面了解所监理工程的质量水平、质量控制措施是否有效及实际执行情况，做到心中有数。

在检验批验收时，监理工程师应同施工单位质量检查员共同检查验收。监理人员应对主控项目、一般项目按照施工质量验收规范的规定逐项抽查验收。应注意：监理工程师应该独立得出是否符合要求的结论，并对得出的验收结论承担责任。对不符合施工质量验收规范规定的项目，暂不填写，待处理后再验收，但应做出标记。

5）"监理单位验收结论"栏：

应由专业监理工程师或建设单位项目专业技术负责人填写。

填写前，应对"主控项目"、"一般项目"按照施工质量验收规范的规定逐项抽查验收，独立得出验收结论。认为验收合格，应签注"同意施工单位评定结果，验收合格"。

如果检验批中含有混凝土、砂浆试件强度验收等内容，应待试验报告出来后再作判定。

3. 分项工程质量验收记录

（1）分项工程质量验收程序和组织

1）分项工程完成（即分项工程所包含的检验批均已完工），施工单位自检合格后，应填报《_____分项工程质量验收记录表》和《分项/分部工程施工报验表》。

2）分项工程质量验收由监理工程师（建设单位项目专业技术负责人）组织项目专业技术负责人等进行验收并签认。

（2）分项工程质量验收记录填写要求

1）填写要点。

①除填写表中基本参数外，首先应填写各检验批的名称、部位、区段等，注意要填写齐全。

②表中部"施工单位检查评定结果"栏，由施工单位质量检查员填写，可以打"√"或填写"符合要求，验收合格"。

③表中部右边"监理单位验收结论"栏，专业监理工程师应逐项审查，同意项填写"合格"或"符合要求"，若有不同意项则应做标记但暂不填写，待处理后再验收；对不同意项，监理工程师应指出问题，明确处理意见和完成时间。

④表下部"检查结论"栏，由施工单位项目技术负责人填写，可填"合格"，然后交监理单位验收。

⑤表下部"验收结论"栏，由监理工程师填写，在确认各项验收合格后，填入"验收

合格"。

2）注意事项。

①核对检验批的部位、区段是否全部覆盖分项工程的范围，是否有遗漏的部位。

②一些在检验批中无法检验的项目，在分项工程中直接验收，比如有混凝土、砂浆强度要求的检验批，到龄期后试验结果能否达到设计要求。

③检查各检验批的验收资料是否完整并做统一整理，并依次登记保管，为下一步验收打下基础。

4. 分部（子分部）工程质量验收记录

（1）分部（子分部）工程质量验收程序和组织

1）分部（子分部）工程完成，施工单位自检合格后，应填报《分部（子分部）工程质量验收记录表》。

2）分部（子分部）工程应由总监理工程师或建设单位项目负责人组织相关设计单位及施工单位项目负责人和技术质量负责人等共同验收并签认。

（2）分部（子分部）工程质量验收记录表填写要求

1）填写要点。

①表名前应填写分部（子分部）工程的名称，然后将"分部"、"子分部"两者划掉其一。

②工程名称、施工单位名称要填写全称，并与检验批、分项工程验收表的工程名称一致。

③技术、质量部门负责人是指项目的技术、质量负责人，但地基基础、主体结构及重要安装分部（子分部）工程应填写施工单位的技术、质量部门负责人。

④有分包单位时填写分包单位名称，分包单位要写全称，与合同或图章一致。分包单位负责人及分包技术负责人，填写本项目的项目负责人及项目技术负责人；按规定地基基础、主体结构不准分包，因此不应有分包单位。

⑤"分部工程"栏先由施工单位按顺序将分项工程名称填入，将各分项工程检验批的实际数量填入，注意应与各分项工程验收表上的检验批数量相同，并要将备份分项工程验收表附后。

⑥"施工单位检查评定"栏填写施工单位对各分项工程自行检查评定的结果，可按照各分项工程验收表填写，合格的分项工程打"√"或填写"符合要求"，填写之前，应核查各分项工程是否全部通过了验收，有无遗漏。

⑦"质量控制资料验收"栏应按《单位（子单位）工程质量控制资料核查记录》来核查，但是各专业只需要检查该表内对应于本专业的那部分相关内容，不需要全部检查表内所列内容，也未要求在分部工程验收时填写该表。

核查时，应对资料逐项核对检查，应核查下列几项：

a. 查资料是否齐全，是否有遗漏。

b. 查资料的内容是否有不合格项。

c. 查资料横向是否相互协调一致，有无矛盾。

d. 查资料的分类整理是否符合要求，案卷目录、份数页数以及装订等有无缺漏。

e. 查各项资料签字是否齐全。

当确认能够基本反映工程质量情况，满足保证结构安全和使用功能的要求，该项就可通过验收。全部项目都通过验收，即可在"施工单位检查评定"栏内打"√"或标注"检查合格"，然后送监理单位或建设单位验收，监理单位总监理工程师组织审查，若认为符合要求，则在"验收意见"栏内签注"验收合格"意见。

对一个具体工程，是按分部还是按子分部进行资料验收，需要按照具体工程的情况自行确定。

⑧"安全和功能检验（检测）报告"栏应按照工程实际情况填写。安全和功能检验，就是指按规定或约定需要在竣工时进行抽样检测的项目。这些项目凡能在分部（子分部）工程验收时进行检测的，就应在分部（子分部）工程验收时进行检测。具体检测项目可根据《单位（子单位）工程安全和功能检验资料核查及主要功能抽查记录》中相关内容在开工之前加以确定。设计有要求或合同有约定的，按要求或约定执行。

在核查时，要检查开工之前确定的检测项目是否全部进行了检测。要对每份检测报告进行逐一核查，主要核查每个检测项目的检测方法、程序是否符合相关标准规定；检测结论是否符合规范的要求；检测报告的审批程序及签字是否完整等。

若每个检测项目均通过审查，施工单位就可在检查评定栏内打"√"或标注"检查合格"。由项目经理送监理单位或建设单位验收，监理单位总监理工程师或建设单位项目技术负责人组织审查，认为满足要求后，在"验收意见"栏内签注"验收合格"意见。

⑨"观感质量验收"栏的填写应符合工程的实际情况。对观感质量的评判只作定性评判，不再作量化打分。观感质量等级分为"好"、"一般"、"差"共3档。"好"、"一般"均为合格；"差"为不合格，需要修理或返工。

观感质量检查的主要方式是观察。但除了检查外观外，还应对能启动、运转或打开的部位进行启动或打开检查。并注意应尽量做到全面检查，对屋面、地下室以及各类有代表性的房间、部位均应查到。

观感质量检查首先由施工单位项目经理组织施工单位人员进行现场检查，检查合格后填表，由项目经理签字后交由监理单位验收。

监理单位总监理工程师或建设单位项目专业负责人组织对观感质量进行验收，并确定观感质量等级。认为达到"好"或"一般"，均视为合格。在"分部（子分部）工程观感质量验收意见"栏内填写"验收合格"。评为"差"的项目，应由施工单位修理或重新返工。若确实无法修理，可经协商实行让步验收，并在验收表中注明。由于"让步验收"意味着工程留下永久性缺陷，所以应尽量避免出现这种情况。

关于"验收意见"栏由总监理工程师与各方协商，确认符合规定，取得一致意见后，按表中各栏分项填写。可以在"验收意见"各栏填入"验收合格"。

当意见出现不一致时，应由总监理工程师同各方协商，对存在的问题，提出处理意见或解决办法，待问题解决之后再填表。

⑩《分部（子分部）工程质量验收记录表》中，制表时已经列出了需要签字的参与工程建设的有关单位。应由各方参加验收的代表亲自签名，以示负责。通常《分部（子分部）工程质量验收记录表》不需盖章。勘察单位需签认地基基础、主体结构分部工程，并由勘察单位的项目负责人亲自签认。

设计单位需签认地基基础、主体结构及重要安装分部（子分部）工程，并由设计单位的项目负责人亲自签认。

施工方总承包单位由项目经理亲自签认，有分包单位的，分包单位应签认其分包的分部（子分部）工程，并由分包项目经理亲自签认。

监理单位作为验收方，由总监理工程师签认验收。未委托监理的工程，可由建设单位项目技术负责人签认验收。

2）注意事项。

①核查各分部（子分部）工程所含分项工程是否齐全，其中是否有遗漏。

②核查质量控制资料是否完整，分类整理是否符合要求。

③核查安全、功能的检测是否是根据规范、设计、合同要求全部完成，未做的应补做，核查检测结论是否合格。

④对分部（子分部）工程应进行观感质量检查验收，主要检查分项工程验收后到分部（子分部）工程验收之间，工程实体质量有无变化，若有，则应修补达到合格，才能通过验收。

5. 单位（子单位）工程质量竣工验收记录

（1）相关规定及要求

《单位（子单位）工程质量竣工验收记录》是一个工程项目的最后一份验收资料，应由施工单位填写，各有关单位保存。

1）单位工程完工，施工单位组织自检合格后，应报请监理单位进行工程预验收，通过之后向建设单位提交工程竣工报告并填报《单位（子单位）工程质量竣工验收记录》。建设单位应组织设计单位、监理单位、施工单位等进行工程质量竣工验收并记录，验收记录上各单位必须签字并加盖公章。

2）凡列入报送城建档案馆的工程档案，应在单位工程验收前由城建档案馆对工程档案进行预验收，并出具《建设工程竣工档案预验收意见》。

3）单位工程质量竣工验收记录应由施工单位填写，验收结论由监理单位填写，综合验收结论应由参加验收各方共同商定，并由建设单位填写，主要对工程质量是否符合设计和规范要求及总体质量水平做出评价。

4）进行单位（子单位）工程质量竣工验收时，施工单位应同时填报《单位（子单位）工程质量控制资料核查记录》、《单位（子单位）工程安全和功能检查资料核查及主要功能抽查记录》、《单位（子单位）工程观感质量检查记录》，作为单位（子单位）工程质量竣工验收记录的附表。

（2）填写要点

1）"分部工程"栏根据各《分部（子分部）工程质量验收记录》填写。应对所含各分部工程，由竣工验收组成员共同逐项核查。对表中内容如有异议，应对工程实体进行检查或测试。

核查并确认合格后，由监理单位在"验收记录"栏注明共验收了几个分部，符合标准及设计要求的有几个分部，并在右侧的"验收结论"栏内，填入具体的验收结论。

2）"质量控制资料核查"栏根据《单位（子单位）工程质量控制资料核查记录》的核查结论填写。建设单位组织由各方代表组成的验收组成员，或委托总监理工程师，按照《单位（子单位）工程质量控制资料核查记录》的内容，对资料进行逐项核查。确认符合

审查意见：
经预验收，该工程：
1. ☑ 符合 　不符合　我国现行法律、法规要求；
2. ☑ 符合 　不符合　我国现行工程建设标准；
3. ☑ 符合 　不符合　设计文件要求；
4. ☑ 符合 　不符合　施工合同要求。

综上所述，该工程预验收结论：	☑ 合格　　　不合格
可否组织正式验收：	☑ 可　　　不可

监理单位名称：××监理公司	总监理工程师（签字）：×××	日期：××××

注：1. 施工单位在单位工程完工，经自检合格并达到竣工验收条件后，填写《单位工程竣工预验收报验表》，并附相应的竣工资料（包括分包单位的竣工资料）报项目监理部，申请工程竣工预验收。单位工程竣工资料应包括《分部（子分部）工程质量验收记录》、《单位（子单位）工程质量控制资料核查记录》、《单位（子单位）工程安全和功能检验资料核查及主要功能抽查记录》、《单位（子单位）工程观感质量检查记录》等。

2. 总监理工程师组织项目监理部人员与承包单位根据现行的有关法律、法规、工程建设标准、设计文件及施工合同，共同对工程进行检查验收。对存在的问题，应及时要求承包单位整改。整改完毕验收合格后由总监理工程师签署《单位工程竣工预验收报验表》。

3. 本表由承包单位填报，建设单位、监理单位、承包单位各存一份。

竣工移交证书　　　　　　　　　　　　　　　　表 2-16

工程名称	××园林工程	编号	××××
地点	××××	日期	××××

致：××建筑开发有限公司（建设单位）：

　　兹证明承包单位××建筑公司按施工公司的全部内容施工的××园林工程，已按施工合同的要求完成，并检验合格，即日起该工程移交建设单位管理，并进入保修期。

　　附件：单位工程验收记录

总监理工程师（签字）	监理单位（章）
××× 日期：××年×月×日	××× 日期：××年×月×日
建设单位代表（签字）	建设单位（章）
××× 日期：××年×月×日	××× 日期：××年×月×日

注：1. 工程竣工验收完成后，有项目总监理工程师及建设单位代表共同签署《竣工移交证书》，并加盖监理单位、建设单位公章。

2. 建设单位、承包单位、监理单位、工程名称均应与施工合同所填写的名称一致。

3. 工程竣工验收合格后，本表由监理单位负责填写，总监理工程师签字，加盖单位公章；建设单位代表签字并加盖建设单位公章。

4. 附件："单位工程质量竣工验收记录"应由总监理工程师签字，加盖监理单位公章。

5. 日期应写清楚，表明即日起该工程移交建设单位管理，并进入保修期。

工程竣工报验单

表 2-17

工程名称：_____   编号：_____

致：_____（监理单位）

　　我方已按合同要求完成了_____工程，经自检合格，请予以检查和验收。

　　附件：

承包单位（章）_____

项 目 经 理_____

日　　　　期_____

审查意见：

经初步验收，该工程

1. 符合/不符合我国现行法律、法规要求。

2. 符合/不符合我国现行工程建设标准。

3. 符合/不符合设计文件要求。

4. 符合/不符合施工合同要求。

综上所述，该工程初步验收合格/不合格，可以/不可以组织正式验收。

项目监理机构_____

总监理工程师_____

日　　　　期_____

交工验收报告审批单

表 2-18

编号：_____

工程名称		工程地点	
工程位置（合同段）		工程造价	
工程量		交工时间	

交工验收条件基本情况：

工程交工验收意见：

验收人		检验人	

建设单位： 项目主管： （公章） 技术负责人： 　　　　年　月　日	监理单位： 项目主管： （公章） 技术负责人： 　　　　年　月　日	施工单位： 项目主管： （公章） 技术负责人： 　　　　年　月　日

编号：_____

工程名称		工程地点	
工程位置（合同段）		工程造价	
工程量		工期	
开工时间		完工日期	
完工基本情况	按合同及其设计变更要求，已经完成所有工程量，并且附属设施也完成，达到规范及设计要求，予以交工		
建设单位意见： 建设单位盖章： 年　月　日			
监理单位意见： 监理单位盖章： 年　月　日			
施工单位意见： 施工单位盖章： 项目经理签名： 年　月　日			

3 园林监理员工作表格填写范例

3.1 施工技术工作表格

3.1.1 工程技术文件审批表

《施工组织设计》（项目管理规划）统筹计划施工、科学组织管理、采用先进技术保证工程质量，安全文明生产，环保、节能、降耗，实现设计意图，是指导施工生产的技术性文件。单位工程施工组织设计应在施工前编制，并应依据施工组织设计编制部位、阶段和专项施工方案。

施工组织设计编制的内容主要包括：

（1）工程概况、工程规模、工程特点、工期要求、参建单位等。

（2）施工平面布置图。

（3）施工部署及计划：施工总体部署及区段划分。

（4）进度计划安排及施工计划网络图各种工、料、机、运计划表。

（5）质量目标设计及质量保证体系。

（6）施工方法及主要技术措施（包括冬、雨期施工措施及采用的新技术、新工艺、新材料、新设备等）。

除上述内容外，施工组织设计还应编写安全、文明施工、环保以及节能、降耗措施。

施工组织设计编写完成后，填写《工程技术文件审批表》见表 3-1，并经施工单位有关部门会签、主管部门归纳汇总后，提出审核意见，报审批人进行审批，施工单位盖章方为有效，审批内容一般应包括：内容完整性、施工指导性、技术先进性、经济合理性、实施可行性等方面，各相关部门根据职责把关；审批人应签署审查结论、盖章。在施工过程中如有较大的施工措施或方案变动时，还应有变动审批手续。

工程技术文件审批表   表 3-1

工程名称：×××工程   编号：×××

致：×××监理公司（监理单位） 　我方已根据施工合同的有关规定完成了×××工程施工组织设计（方案）的编制，并经我单位技术负责人审查批准，请予以审查。 　附：施工组织设计（方案）   　　　　　　　　　　　　　　　　　　承包单位（章）××园林园艺公司 　　　　　　　　　　　　　　　　　　　　　项目经理××× 　　　　　　　　　　　　　　　　　　　　　日期××年×月×日

专业监理师审查意见：

此施工组织设计（方案）合理、可行，且审批手续齐全，拟同意承包单位按照该施工组织设计（方案）组织施工，请总监理工程师予以审核。

若不符合要求，专业监理师审查意见应简要指出不符合要求之处，并提出修改补充意见后签署"暂不同意（部分或全部应指明）承包单位按该施工组织设计（方案）组织施工。待修改完善后再报，请总监理工程师审核"。

专业监理工程师×××
日期××年×月×日

总监理工程师审查意见

同意专业监理师审查意见，同意承包单位按照该施工组织设计（方案）组织施工。

如不同意专业监理工程师的审查意见，应简要指明与专业监理工程师审查意见中的不同之处，签署修改意见；并签认最终结论"不同意承包单位按该施工组织设计（方案）组织施工（修改后再报）"。

项目监理机构×××监理公司××项目监理部
总监理工程师×××
日期××年×月×日

3.1.2 图纸会审记录

（1）《图纸会审记录》见表 3-2。由施工单位整理、汇总后转签，建设单位、监理单位、施工单位、施工单位、城建档案馆各保存一份。

（2）相关规定与要求：

1）监理、施工单位应把各自提出的图纸问题以及意见，依据专业整理、汇总后报建设单位，由建设单位提交设计单位做交底准备。

2）图纸会审应由建设单位组织设计、监理和施工单位技术负责人及相关人员参加。设计单位应对各专业问题进行交底，施工单位应负责将设计交底内容按专业进行汇总、整理，形成图纸会审记录。

3）图纸会审记录应经由建设、设计、监理和施工单位的项目相关负责人签认，形成正式图纸会审记录。不得擅自在会审记录上进行涂改或变更其内容。

（3）注意事项：图纸会审记录应依据专业（绿化种植、园林给水排水、园林建筑及附属设施、园林用电等）汇总、整理。图纸会审记录一经各方签字确认后即成为设计文件的一部分，是现场施工的依据。

（4）其他：

1）图纸会审记录应根据图纸专业（绿化种植、园林给水排水、园林建筑及附属设施、园林用电等）汇总、整理。

2）设计单位应由专业设计负责人签字，而其他相关单位应由项目技术负责人或者相关专业负责人签认。

图纸会审记录

表 3-2

编号：×××

工程名称	××园林绿化工程		日期	××年×月×日
地点	×××		专业名称	园林建筑及附属设施
序号	图号	图纸问题		图纸问题交底
1	结-1	结构说明3中，混凝土材料：地下室底板外墙使用抗渗混凝土，并未给出抗渗等级。		抗渗等级为 P8
2	结-3，结-5	未标注地下一层顶板③～⑤/ⓒ～ⓔ轴分布筋。		分布筋双向双排，均为 $\phi8@200$
3	建-1，结-3，结-12	地下室外墙防水层使用 SBSⅡ型防水卷材，是否需加砌砖墙做防水保护层。砌120mm厚砖墙做保护层。		砌 120mm 厚砖墙作为保护层
签字栏	建设单位	监理单位	设计单位	施工单位
	×××	×××	×××	×××

3.1.3 设计交底记录

设计交底是由建设单位组织并整理、汇总设计交底要点及研讨问题的纪要，填写《设计交底记录》见表 3-3。各单位主管负责人会签，并且由建设单位盖章，形成正式设计文件。

设计交底记录

表 3-3

编号：×××

工程名称	××园林绿化工程	
交底日期	××年×月×日	共1页 第1页

交底要点及纪要：

(1) 由甲方提供路口的竖向设计图纸，路口有等高线图按图纸做。

(2) 设计路同现况路高差差少的以接顺为主。

(3) 地基处理：处理时由现场定，但要求根据施工规范做。

单位名称		签字	
建设单位	×××集团开发有限公司	×××	
设计单位	××风景园林规划设计院	×××	
监理单位	××监理公司	×××	（建设单位章）
施工单位	××园林园艺公司	×××	

注：由建设单位整理、汇总，与会单位会签，城建档案馆、建设单位、监理单位、施工单位保存。

在园林工程施工前的设计交底会，应有设计单位、承包单位和监理单位的工程项目负责人及相关人员参加。项目监理人员参加设计技术交底会应明确以下基本内容。

（1）园林工程设计的主导思想，园林艺术构思，所使用的设计规范，园林工程总体平面布局以及竖向设计要求。

（2）对工程上所使用的相关材料、构配件、设备、苗木、花草、种子的要求及施工中应特别注意的问题等。

（3）设计单位对建设单位、承包单位、监理单位所提出的对施工图的意见以及建议的答复。

（4）设计单位与建设单位要求承包单位在施工中所要注意的事项。

（5）与会各方应赴施工现场明确工程用地面积、现状及应注意保护的内容。

（6）在设计交底会上确认的设计变更应由建设单位、设计单位、承包单位与监理单位会签。

3.1.4 技术交底记录

（1）《技术交底记录》见表 3-4。由施工单位填写，交底单位与接受交底单位各存一份，也应报送监理（建设）单位。

技术交底记录

表 3-4

编号：

工程名称	××园林工程	交底日期	××年×月×日
施工单位	××建筑公司	分项工程名称	
交底提要			
交底内容			
审核人	×××	交底人	×××	接受交底人	×××

（2）相关规定及要求：

1）技术交底记录应包括施工组织设计交底、专项施工方案技术交底、分项工程施工技术交底、"四新"（新材料、新产品、新技术、新工艺）技术交底以及设计变更技术交底。另外，各项交底应有文字记录，交底双方签认应齐全。

2）重点及大型工程施工组织设计交底应由施工企业的技术负责人把主要设计要求、施工措施以及重要事项对项目主要管理负责人员进行交底。其他工程施工组织设计交底应由项目技术负责人进行交底。

3）专项施工方案技术交底应由项目专业技术负责人负责，按照专项施工方案对专业工长进行交底。

　　4）分项工程施工技术交底应由专业工长对专业施工班组（或专业分包）进行交底。

　　5）"四新"技术交底应由项目技术负责人组织相关专业人员编制。

　　6）设计变更技术交底应由项目技术部门依据变更要求，并结合具体施工程序、措施及注意事项等对专业工长进行交底。

　　（3）注意事项：

　　交底内容应有可操作性及针对性，能够切实地指导施工，不得出现"详见×××规程"之类的语言。

　　（4）当作分项工程施工技术交底时，应填写"分项工程名称"栏，而其他技术交底可以不填写。

3.1.5　工程洽商记录

　　（1）《工程洽商记录》，见表3-5。由施工单位、建设单位或监理单位其中一方发出，经各方签字确认后存档。

工程洽商记录　　　　　　　　　　　　　　表 3-5

编号：×××

工程名称	××110kV 变电站工程		专业名称	园林建筑
提出单位名称	×××		日期	××年×月×日
内容摘要	关于主变间、地下电缆夹层装修做法			
序号	图号	洽商内容		
1	建-1	主变间、主变间夹层，原设计顶棚为喷大白浆，现改为耐擦洗涂料。		
2	建-1	主变间内墙、地下电缆夹层内墙，面层原设计为喷大白浆，现改为耐擦洗涂料。		
签字栏	建设单位	监理单位	设计单位	施工单位
	×××	×××	×××	×××

（2）相关规定与要求：

1）工程洽商记录应分专业办理，内容翔实，必要时应附图，并逐条详细注明应修改的图纸的图号。

工程洽商记录应由设计专业负责人以及建设、监理和施工单位的相关负责人签认。

2）设计单位如委托建设（监理）单位办理签认，应办理委托手续。

（3）注意事项：

不同专业的洽商应分别办理，不得办理在同一份表格上。签字应齐全，签字栏内只能填写人员姓名，不得额外写其他意见。

（4）其他：

1）本表由建设单位、监理单位、施工单位、城建档案馆各保存一份。

2）涉及图纸修改的必须注明应修改图纸的图号。

3）不可将不同专业的工程洽商填在同一份洽商表上。

4）"专业名称"栏应按专业填写，如绿化种植、园林建筑及附属设施、园林给水排水、园林用电等。

3.1.6 工程设计变更通知单

（1）《工程设计变更通知单》见表3-6。由设计单位发出，签认后建设单位、监理单位、施工单位、城建档案馆各保存一份。

工程设计变更通知单 表3-6

编号：×××

工程名称		×××园林工程	专业名称		结构
设计单位名称		×××设计院	日期		××年×月×日
序号	图号	变更内容			
1	结施2、3	DL1、DL2梁底标高-1.900改为-1.800。			
2	结施-20	KL-42，44的梁原高700改为900。			
3	结施-30	二层梁顶LL-18梁原高出板面0.65改为0.60。			
4					
5					
签字栏		建设（监理）单位	设计单位		施工单位
		×××	×××		×××

（2）有关规定与要求：

设计单位应及时下达设计变更通知单，内容要翔实，在必要时还需附图，并逐条注明应修改图纸的图号。设计变更通知单应经由设计专业负责人以及建设（监理）和施工单位的相关负责人签认。

（3）注意事项：

设计变更是施工图纸的补充及修改的记载，是现场施工的依据。当由建设单位提出设计变更时，必须要经过设计单位同意。而不同专业的设计变更应分别办理，不得办理在同一份设计变更通知单上。

（4）其他：

1）涉及图纸修改的必须注明应修改图纸的图号。

2）不得将不同专业的设计变更办理在同一份变更上。

3）"专业名称"栏应按专业填写，比如绿化种植、园林给水排水、园林建筑及时附属设施、园林用电等。

3.1.7 安全交底记录

（1）《安全交底记录》见表 3-7。由施工单位填写，交底单位与接受交底单位各存一份，也应报监理（建设）单位。

（2）交底内容应有针对性和可操作性，能够切实指导安全施工，不允许出现"详见××规程"之类的语言。

安全交底记录　　　　　　　　　　　　　　　表 3-7

编号：×××

工程名称	××园林绿化工程		
施工单位	××市政工程有限公司		
交底项目（部位）	混凝土浇筑	交底日期	××年×月×日
交底内容（安全措施及注意事项）： （1）进入施工现场后必须戴安全帽，在施工现场严禁吸烟及酒后上岗。 （2）施工现场内的电气设备机械，无关人员严禁动用。 （3）使用电动振捣器、振捣棒必须穿绝缘鞋，戴绝缘手套。 （4）使用塔吊运转及落钩时，作业面施工人员要远离吊运点，在吊钩物体停稳之后再施工作业。 （5）施工作业人员必须听从信号工的统一指挥和安排，严禁违章作业、违章指挥。 （6）若天气有变化，5级以上大风塔吊应停止作业。			
交底人	×××	接受交底班组长	×××	接受交底人数	20

注：本表由施工单位填写并保存（一式三份。班组一份、安全员一份、交底人一份）。

3.2 施工测量工作表格

3.2.1 工程定位测量记录

（1）《工程定位测量记录》见表 3-8。由施工单位填写，随着相应的《施工测量定点放线报验表》（见表 3-9）进入资料流程。

<table>
<tr><td colspan="4" align="center">工程定位测量记录</td><td align="right">表 3-8</td></tr>
</table>

<table>
<tr><td align="right" colspan="5">编号：×××</td></tr>
</table>

工程名称	××园林绿化工程	委托单位	××公司
图纸编号	×××	施测日期	××年×月×日
平面坐标依据	××-036A、方1、D	复测日期	××年×月×日
高程依据	测××-036 BMG	使用仪器	DS1 96007
允许误差	±13mm	仪器校验日期	××年×月×日

定位抄测示意图：

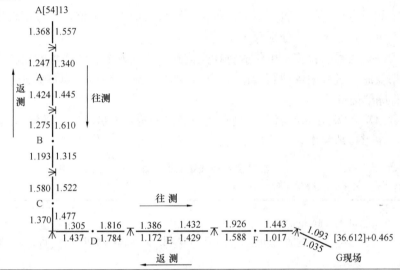

复测结果：

$h_{往} = \sum 后 - \sum 前 = +0.273m$

$h_{返} = \sum 后 - \sum 前 = -0.281m$

$f_{测} = \sum 后 + \sum 前 = -8m$

$f_{允} = \pm 5mm \sqrt{N} = \pm 5mm$　　允许误差$\pm 13mm > f_{测}$精度合格

高差 $h = +0.277m$

签字栏	建设（监理）单位	施工（测量单位）	建筑工程公司	测量人员岗位证书号	027-001038
		专业技术负责人	测量负责人	复测人	施测人
	×××	×××	×××	×××	×××

（2）相关规定与要求：

1）测绘部门依照建设工程规划许可证（附件）批准的建筑工程位置及标高依据，测定出建筑的红线桩。

2）施工测量单位应根据测绘部门提供的放线成果、红线桩及场地控制网（或建筑物控制网），测定建筑物位置、主控轴线及尺寸、建筑物±0.000绝对高程，并填写《工程定位测量记录》上报监理单位审核。

3）工程定位测量完成后，应由建设单位报请政府具有相关资质的测绘部门申请验线，填写《建设工程验线申请表》报请政府测绘部门验线。

（3）注意事项：

1）"委托单位"应填写建设单位或总承包单位。

2）"平面坐标依据、高程依据"由测绘院或建设单位提供，应以规划部门钉桩的坐标为标准，在填写时应注明点位编号，且与交桩资料中的点位编号一致。

（4）本表由建设单位、监理单位、施工单位、城建档案馆各保存一份。

3.2.2 施工测量定点放线保险

（1）附件收集：放线的依据材料，例如"《工程定位测量记录》（参照表 3-8）"等施工测量记录。

（2）施工测量定点放线报验表由施工单位填写后报送监理单位，经过审批后返还，建设单位、施工单位及监理单位分别存一份。

（3）相关规定与要求：施工单位应将在完成施工测量方案、红线桩的校核成果、水准点的引测成果及施工过程中各种测量记录下后，填写《施工测量定点放线报验表》（见表3-9），上报监理单位审核。

（4）注意事项："测量员"必须由具有相应资格的技术人员签字，并填写岗位证书号。

（5）由施工单位填报本表，建设单位、监理单位、施工单位各存一份。

施工测量放线定点报验表   表 3-9

工程名称：××××园林绿化工程   编号×××

致：××××监理公司（监理单位）
我单位已完成了××××园林绿化工程施工测量放线工作，现报上该工程报验申请表，请予以审查和验收。 附件： （1）测量放线的部位及内容：

序号	工程部位名称	测量放线内容	专职测量员（岗位证书编号）	备注
1	亭台②～⑦/Ⓐ～Ⓓ轴	轴线控制线、墙柱轴线及边线、门窗洞口位置线等	×××（＊＊＊＊＊＊＊） ×××（＊＊＊＊＊＊＊）	30m 钢尺 DS3 级水准仪

（2）放线的依据材料　2　页。

（3）放线成果表　6　页。

承包单位（章）×××园林园艺公司

项目经理×××

日期××年×月×日

审查意见： 　　经检查，符合工程施工图的设计要求达到了规定的精度要求。   　　　　　　　　　　　　　　　　　项目监理机构××监理公司××项目监理部 　　　　　　　　　　　　　　　　　总/专业监理工程师××× 　　　　　　　　　　　　　　　　　日期××年×月×日

3.2.3 基槽验线记录

（1）《基槽验线记录》见表 3-10。由施工单位填写，随相应的《施工测量定点放线报验表》（见表 3-9）进入资料流程。

（2）相关规定与要求：

施工测量单位应根据主控轴线和基槽底平面图，检验建筑物基底外轮廓线、集水坑、电梯井坑、垫层底标高（高程）、基槽断面尺寸和坡度等，填写《基槽验线记录》并报监理单位审核。

（3）注意事项：

重点工程或大型工业厂房应有测量原始记录。

（4）本表由建设单位、施工单位、城建档案馆各保存一份。

表 3-10

基槽验线记录

编号：×××

工程名称	××园林绿化工程	日期	××年×月×日

验线依据及内容：
    依据：（1）施工图纸（图号××）设计变更/洽商（编号××）。
        （2）本工程《施工测量方案》。
        （3）定位轴线控制网。

    内容：依据主控轴线及基底平面图，检验建筑物基底外轮廓线、垫层标高、集水坑（电梯井坑）、基槽断面尺寸及边坡坡度（1∶0.5）等。

基槽平面、剖面简图（单位：mm）：

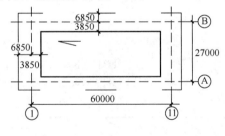 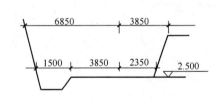

检查意见：

    经检查：①～⑪/Ⓐ～Ⓑ轴为基底控制轴线，垫层标高（误差：－1.0mm），基槽开挖的断面尺寸（误差：＋2.0mm），坡度边线、坡度等各项指标均符合设计要求及本工程《施工测量方案》规定，可以进行下一道工序施工。

签字栏	建设（监理）单位	施工测量单位	××园林园艺公司	
		专业技术负责人	专业质检员	施测人
	×××	×××	×××	×××

3.3 监理工作记录表格

3.3.1 工程进度监理控制表格

1. 工程开工报审表

工程开工报审表，见表 3-11。

工程开工报审表   表 3-11

工程名称：   编号：

致：_____（建设单位） 　　_____（项目监理机构） 　　我方承担的__×××__工程，已完成相关准备工作，具备开工条件，申请于××年×月×日开工，请予以审批。 　　附件：证明文件资料   　　　　　　　　　　　　　　　　　　　　　　　　施工单位（盖章） 　　　　　　　　　　　　　　　　　　　　　　　　项目经理（签字） 　　　　　　　　　　　　　　　　　　　　　　年　　　月　　　日
审核意见：   　　　　　　　　　　　　　　　　　　　　　　　项目监理机构（盖章） 　　　　　　　　　　　　　　　　总监理工程师（签字、加盖执业印章） 　　　　　　　　　　　　　　　　　　　　　　年　　　月　　　日
审批意见：   　　　　　　　　　　　　　　　　　　　　　　　　建设单位（盖章） 　　　　　　　　　　　　　　　　　　　　　　建设单位代表（签字） 　　　　　　　　　　　　　　　　　　　　　　年　　　月　　　日

注：本表一式三份，项目监理机构、建设单位、施工单位各一份。

工程开工报审表，填写说明如下所述。

（1）工程满足开工条件后，承包单位报项目监理机构复核及批复开工时间。

（2）整个项目一次开工只填报一次，若工程项目中含有多个单位工程且开工时间不同，则每个单位工程都应填报一次。

（3）工程名称：指相应的建设项目或单位工程名称，应与施工图的工程名称一致。

（4）开工的各种证明材料：承包单位应将《建设工程施工许可证》（复印件）、施工组织设计、施工测量放线资料、现场主要管理人员和特殊工种人员资格证及上岗证、现场管理人员、施工人员进场情况、机具、工程主要材料落实情况以及施工现场道路、水、电、通信等是否已达到开工条件等证明文件作为附件同时报送。

（5）审查意见：总监理工程师应指定专业监理工程师检查承包单位的准备情况，除检查所报内容外，还应对施工现场临时设施是否符合开工要求；地下障碍物是否清除或已查明；测量控制桩、试验室是否经项目监理机构审查确认等进行检查并逐项进行记录检查结果，报项目总监理工程师审核；总监理工程师确认具备开工条件时签署同意开工时间，并报告建设单位。否则，应简要指出不符合开工条件要求之处。

（6）总监理工程师签发《工程开工报审表》之后报建设单位备案，如《委托监理合同》中需建设单位批准，项目总监审核后报建设单位，由建设单位批准。工期从批准开工之日起计算。

（7）《工程开工报审表》除委托监理合同中注明需建设单位批准外均由总监理工程师最终签发。

（8）工程开工报审的一般程序：

1）承包单位自查认为已经完成施工准备工作，具备开工条件时，向项目监理机构报送《工程开工报审表》及有关资料。

2）专业监理工程师审核承包单位报送的《工程开工报审表》及有关资料，现场核查各项准备工作的实际情况，报项目总监理工程师审批。

3）项目总监理工程师依据专业监理工程师的审核，签署审查意见，具备开工条件时按《委托监理合同》的授权报建设单位备案或审批。

2. 工程复工报审表

工程复工报审表，见表 3-12。

工程复工报审表　　　　　　　　　　　　　　　　表 3-12

工程名称：　　　　　　　　　　　　　　　　　　　　　　　　　编号：

致：＿＿＿＿＿＿＿＿＿＿（项目监理机构）
编号为＿＿＿＿＿＿《工程暂停令》所停工的＿＿＿＿＿＿部位（工序）已满足复工条件，我方申请于＿＿＿＿年＿＿＿月＿＿＿日复工，请予以审批。 　　附件：证明文件资料 <div align="right">施工项目经理部（盖章） 项目经理（签字） 年　　月　　日</div>
审核意见：   <div align="right">项目监理机构（盖章） 总监理工程师（签字） 年　　月　　日</div>
审批意见：   <div align="right">建设单位（盖章） 建设单位代表（签字） 年　　月　　日</div>

注：本表一式三份，项目监理机构、建设单位、施工单位各一份。

工程复工报审表，填写说明如下所述。

（1）工程暂停原因消失，承包单位可向项目监理机构申请复工。

（2）对于项目监理机构不同意复工的复工报审，承包单位按要求完成后仍用该表报审。

（3）"＿＿工程"填写相应停工工程的项目名称。

（4）附件：如果工程暂停原因是由承包单位的原因引起的，承包单位应报告整改情况以及预防措施；如果工程暂停原因是由非承包单位的原因引起的，承包单位就只提供工程暂停原因消失证明。

（5）审查意见：总监理工程师应指定专业监理工程师复核复工条件，在施工合同约定的时间内完成对复工申请的审批，符合复工条件的则签署"工程具备了复工条件，同意复工"；不符合复工条件的则签署"不同意复工"，并注明不同意复工的原因以及对承包单位的要求。

（6）复工申请的审查程序：

1）承包单位根据《工程暂停令》的要求，自查符合了复工条件向项目监理机构报送《工程复工报审表》及其附件。

2）总监理工程师应及时指定监理工程师进行审查，如果工程暂停是由非承包单位原因引起的，签认《工程复工报审表》时，只需要看引起暂停施工的原因是否还存在；而如果工程暂停是由承包单位的原因引起时，复工审查时不仅要审查其停工原因是否消失，还要审查其是否查清了导致停工原因产生的因素和制定了针对性的整改措施、预防措施，也要复核其各项措施是否得到贯彻落实。

3）总监理工程师依据审查情况，应当在收到《工程复工报审表》后 48 小时内完成对复工申请的审批。项目监理机构未在收到承包人复工申请后 48 小时（或施工合同规定时间）内提出审查意见，承包单位可自行复工。

3. 施工组织设计/（专项）施工方案报审表

施工组织设计/（专项）施工方案报审表，见表 3-13。

施工组织设计/（专项）施工方案报审表，填写说明如下所述。

（1）根据相关要求，须项目监理机构审批的施工组织设计/（专项）施工方案在实施前报项目监、理机构审核、签认。

（2）承包单位按施工合同规定时间向项目监理机构报送自审手续完备的施工组织设计/（专项)施工方案，总监理工程师在合同规定时间内完成审核工作。

（3）应在项目实施前完成施工组织设计（方案）审核，施工组织设计/（专项）施工方案，若未经项目监理机构审核、签认，则该项工程不得施工。总监理工程师对施工组织设计/（专项）施工方案，的审查、签认，不解除承包单位的责任。

（4）"＿＿＿＿＿＿工程施工组织设计/（专项）施工方案"填写相应的建设项目、单位工程、分部工程、分项工程及关键工序名称。

（5）附件：指需要审核的施工组织总设计，单位工程施工组织设计或者施工方案。

（6）专业监理工程师审查意见：对于施工组织设计（方案）专业监理工程师应审核其完整性、符合性、适用性、合理性、可操作性及实现目标的保证措施，且从以下几方面进行审核：

工程名称：　　　　　　　　　　　　　　　　　　　　　　　　　　　　　编号：

致：＿＿＿＿＿＿＿＿＿（项目监理机构） 　我方已完成＿＿＿＿＿＿＿＿＿工程施工组织设计/（专项）施工方案的编制和审批，请予以审查。 附件：□　施工组织设计（方案）。 　　　　□　专项施工方案   　　　　　　　　　　　　　　　　　　　　　　施工项目经理部（盖章） 　　　　　　　　　　　　　　　　　　　　　　项目经理（签字） 　　　　　　　　　　　　　　　　　　　　　　　　年　　月　　日
审查意见：   　　　　　　　　　　　　　　　　　　　　　　专业监理工程师（签字） 　　　　　　　　　　　　　　　　　　　　　　　　年　　月　　日
审核意见：   　　　　　　　　　　　　　　　　　　　　　　项目监理机构（盖章） 　　　　　　　　　　　　　　　　　　　　　　总监理工程师（签字、加盖执业印章） 　　　　　　　　　　　　　　　　　　　　　　　　年　　月　　日
审批意见（仅对超过一定规模的危险性较大的分部分项工程专项施工方案）：   　　　　　　　　　　　　　　　　　　　　　　建设单位（盖章） 　　　　　　　　　　　　　　　　　　　　　　建设单位代表（签字） 　　　　　　　　　　　　　　　　　　　　　　　　年　　月　　日

注：本表一式三份，项目监理机构、建设单位、施工单位各一份。

1）设计（方案）中承包单位的审批手续齐全。

2）承包单位现场项目管理机构的技术管理、质量管理、质量保证体系健全，质量保证措施切实可行且具有针对性。

3）施工现场总体布置是否合理，是否对保证工程的正常顺利施工有利，是否对工程保证质量有利，施工总平面图布置是否与地貌环境、建筑平面协调一致。

4）施工组织设计（方案）中工期、质量目标应与施工合同相一致。

5）施工组织设计中的施工布置与程序应符合本工程的特点及施工工艺，符合设计文件要求。

6）施工组织设计应优先选用成熟的、先进的施工技术，且对本工程的质量、安全以及降低造价有利。

7）进度计划应采用流水施工方法和网络计划技术，以确保施工的连续性与均衡性，且工、料、机进场应与进度计划保持协调性。

8）施工机械设备的选择是否考虑了对施工质量的影响及保证。

9）安全、环保、消防以及文明施工措施切实可行并符合有关规定。

10）施工组织设计（方案）的主要内容齐全。

11）施工组织设计中若有提高工程造价的，项目监理机构应取得建设单位同意。

根据以上审核情况，若符合要求，专业监理工程师审查意见应签署"施工组织设计/（专项）施工方案，合理、可行，并且审批手续齐全，则拟同意承包单位按该施工组织设计/（专项）施工方案，组织施工，请总监理工程师审核"。若不符合要求，则专业监理工程师审查意见应简要指出不符合要求之处，并提出修改补充意见后签署"暂不同意（部分或全部应指明）承包单位按该施工组织设计（方案）组织施工，待修改完善后再报，请总监理工程师审核"。

（7）总监理工程师审核意见：总监理工程师要审核专业监理工程师的审核结果，如同意专业监理工程师的审查意见，则应签署"同意专业监理工程师审查意见，同意承包单位按该施工组织设计/（专项）施工方案组织施工"；如不同意专业监理工程师的审查意见，则应简要指明与专业监理工程师审查意见中的不同之处，签署修改意见；并签认最终结论"不同意承包单位按该施工组织设计/（专项）施工方案组织施工（修改后再报）"。

4. 施工进度计划报审表

施工进度计划报审表，见表 3-14。

施工进度计划报审表　　　　　　　　　　　　　　　　表 3-14

工程名称：　　　　　　　　　　　　　　　　　　　　　　　　　　　　编号

致：＿＿＿＿＿＿＿＿＿＿（项目监理机构） 　根据施工合同约定，我方已完成＿＿＿＿＿＿＿＿＿＿工程施工进度计划的编制和批准，请予以审查。 　附件：☑　施工总进度计划 　　　　☑　阶段性进度计划   　　　　　　　　　　　　　　　　　　　　　　施工项目经理部（盖章） 　　　　　　　　　　　　　　　　　　　　　　　　项目经理（签字） 　　　　　　　　　　　　　　　　　　　　　　年　　月　　日
审查意见：   　　　　　　　　　　　　　　　　　　　　　　　专业监理工程师（签字） 　　　　　　　　　　　　　　　　　　　　　　年　　月　　日
审核意见：   　　　　　　　　　　　　　　　　　　　　　　项目监理机构（盖章） 　　　　　　　　　　　　　　　　　　　　　　总监理工程师（签字） 　　　　　　　　　　　　　　　　　　　　　　年　　月　　日

施工计划进度报审表，填写说明如下所述。

（1）施工进度计划报验申请是承包单位按照已批准的施工总进度计划，按施工合同约定或监理工程师要求，编制的施工进度计划报项目监理机构审查、确认及批准。

（2）监理机构对施工进度的审查或批准，并不解除承包单位对施工进度计划的责任与义务。

（3）"＿＿＿＿＿＿工作"填写所报进度计划的工程名称及时间。

（4）对施工进度计划，主要进行如下审核：

1）进度安排是否符合工程项目建设总进度，计划中总目标和分目标的要求，是否符合施工合同中对开、竣工日期的规定。

2）施工总进度计划中的项目是否有遗漏，分期施工是否满足分批动用的需要及配套动用的要求。

3）施工顺序的安排是否满足施工工艺的要求。

4）劳动力、构配件、材料、施工机具及设备，施工水、电等生产要素的供应计划是否能确保进度计划的实现，供应是否均衡，需求高峰期是否有足够能力实现计划供应。

5）由建设单位提供的施工条件（施工图纸、资金、施工场地、采供的物资设备等），承包单位在施工进度计划中所提出的供应时间及数量是否明确、合理，是否有造成建设单位违约而导致工程延期以及费用索赔的可能。

6）工期是否进行了优化，进度安排是否合理。

7）总、分包单位分别编制的各单项工程施工进度计划之间是否相协调，专业分工与计划之间的衔接是否明确合理。

（5）通过专业监理工程师的审核，提出审查意见并报总监理工程师，总监理工程师审核后如同意承包单位所报计划，则应签署"本月编制的施工进度计划具有可行性和可操作性，与工程实际情况相符合，满足合同工期及总控制计划的要求，予以通过。同意按此计划组织施工"。若不同意承包单位所报计划，则签署"不同意按此进度计划施工"，并就不同意的原因及理由进行简要列明。

（6）施工进度计划（调整计划）报审程序：

1）承包单位按施工合同要求的时间编制好施工进度计划，并填报《施工进度计划报审表》报监理机构。

2）总监理工程师指定专业监理工程师审查承包单位所报的《施工进度计划报审表》及有关资料，并向总监理工程师报告。

3）总监理工程师按施工合同要求的时间，对承包单位所报《施工进度计划报审表》予以确认或提出修改意见。

5. 工程临时/最终延期申请表

工程临时/最终延期申请表，见表3-15。

工程临时/最终延期申请表，填写说明如下所述。

（1）工程临时延期报审是发生了施工合同约定由建设单位承担的延长工期事件之后，承包单位提出的工期索赔，报项目监理机构审核确认。

（2）总监理工程师在签认工程延期前应同建设单位、承包单位协商，宜与费用索赔一并考虑处理。

工程名称： 编号：

致：_____（项目监理机构）

　　根据施工合同__××__条款，由于__网络故障__原因，我方申请工程临时/最终延期__30__（日历天），请予以批准。

　　附件：1. 工程延期依据及工期计算

　　　　　2. 证明材料

施工项目经理部（盖章）

项目经理（签字）

年　　月　　日

审核意见：

　　☑ 同意工程临时/最终延期__30__（日历天）。工程竣工日期从施工合同约定的__2013__年__08__月__31__日延迟到__2013__年__09__月__30__日。

　　☐ 不同意延期，请按约定竣工日期组织施工。

项目监理机构（盖章）

总监理工程师（签字、加盖执业印章）

年　　月　　日

审批意见：

建设单位（盖章）

建设单位代表（签字）

年　　月　　日

注：本表一式三份，项目监理机构、建设单位、施工单位各一份。

　　（3）总监理工程师应在施工合同约定的期限内签发《工程临时/最终延期申请表》，或发出要求承包单位提交有关延期的进一步详细资料的通知。

　　（4）临时批准延期时间不得长于工程最终延期批准的时间。

　　（5）"根据合同条款_____条的规定"：填写提出工期索赔所依据的施工合同条目。

　　（6）"由于_____原因"：填写导致工期拖延的事件。

　　（7）工期延长的依据及工期计算：指索赔所依据的施工合同条款；导致工程延期事件的事实；工程拖延的计算方式及过程。

　　（8）合同竣工日期：指建设单位与承包单位签订的施工合同中确定的竣工日期或已最终批准的竣工日期。

　　（9）申请延长竣工日期：指合同竣工日期加上本次申请延长工期后的竣工日期。

　　（10）证明材料：指本期申请延长的工期所有能证明非承包单位原因导致工程延期的证明材料。

　　（11）可能导致工程延期的原因：

1）监理工程师发出工程变更指令引起工程量增加。

2）施工合同中规定的任何可能造成工程延期的原因，例如延期交图、工程暂停及不利的外界条件等。

3）异常恶劣的气候条件。

4）由建设单位造成的任何延误、干扰或障碍等，例如按施工合同未及时提供场地、未及时付款等。

5）施工合同规定，承包单位自身外的其他任何原因。

（12）工程临时延期报审程序：

1）承包单位在施工合同规定的期限内，向项目监理机构提交对建设单位的延期（工期索赔）意向通知书。

2）总监理工程师指定专业监理工程师收集与延期有关的资料。

3）承包单位在承包合同规定的期限内向项目监理机构提交《工程临时/最终延期申请表》。

4）总监理工程师指定专业监理工程师初步审查《工程临时/最终延期申请表》是否符合相关规定。

5）总监理工程师进行延期核查，并在初步确定延期时间后，同承包单位及建设单位进行协商。

6）监理工程师应在施工合同规定的期限内签署《工程临时/最终延期审批表》，或在施工合同规定期限内，发出要求承包单位提交有关延期的进一步详细资料的通知，待收到承包单位补交的详细资料后，按上述 4）、5）、6）条程序进行。

6. 工程临时延期审批表

工程临时延期审批表，见表 3-16。

工程临时延期审批表 表 3-16

工程名称：××园林工程　　　　　　　　　　　　　　　　　　　编号：×××

致：××建筑工程公司（承包单位） 　　根据施工合同条款×条的规定，我方对你方提出的××工程延期申请（第×××号）要求延长工期30（日历天）的要求，经过审核评估： 　☑　暂时同意工期延长30（日历天）。使竣工日期（包括已指令延长的工期）从原来的2013年8月31日延迟到2013年9月30日。请你方执行。 　□　不同意延长工期，请按约定竣工日期组织施工。 说明： 因工程延期事件发生在已批准的网络进度计划的关键线路上，经建设单位与承包单位协商，暂时同意延长工期30天。   　　　　　　　　　　　　　　　　　　　项目监理机构××监理公司××项目监理部 　　　　　　　　　　　　　　　　　　　总监理工程师××× 　　　　　　　　　　　　　　　　　　　日期20××年×月×日

工程临时延期审批表，填写说明如下所述。

（1）工程临时延期报审是发生了施工合同约定由建设单位承担的延长工期事件之后，承包单位提出的工期索赔，报项目监理机构审核确认。

（2）总监理工程师在签认工程延期前应同建设单位、承包单位协商，宜与费用索赔一并考虑处理。

（3）总监理工程师应在施工合同约定的期限内签发《工程临时延期审批表》，或者发出要求承包单位提交有关延期的进一步详细资料的通知。

（4）临时批准延期时间不得长于工程最终延期批准的时间。

（5）"根据施工合同条款_____条的规定，我方对你方提出的_____工程延期申请……"分别填写处理本次延长工期所依据的施工合同条目和承包单位申请延长工期的原因。

（6）"（第_____号）"：填写承包单位提出的《工程临时延期申请表》编号。

（7）竣工日期：指建设单位与承包单位签订的施工合同中确定的竣工日期或已最终批准的竣工日期。

（8）申请延长竣工日期：指合同竣工日期加上本次申请延长工期后的竣工日期。

（9）审查意见：专业监理工程师针对承包单位提出的《工程临时延期申请表》，首先审核在延期事件发生后，承包单位在合同规定的有效期内是否以书面形式向专业监理工程师提出延期意向通知；其次审查承包单位在合同规定有效期内向专业监理工程师提交的延期依据及延长工期的计算；第三，专业监理工程师对提交的延期报告应及时进行调查核实，与监理同期记录进行核对、计算，并将审查情况报告总监理工程师。总监理工程师同意临时延期时在暂同意延长工期前"□"内划"√"，延期天数按核实天数。"竣工日期"指"合同竣工日期"；"延迟到的竣工日期"指"合同竣工日期"加上暂同意延期天数后的日期。否则，在不同意延长工期前"□"内划"√"。

（10）说明：指总监理工程师同意或不同意工程临时延期的理由和依据。

（11）总监理工程师在做出临时延期批准时，不应认为其具有临时性而放松控制。

（12）可能导致工程延期的原因：

1）监理工程师发出工程变更指令引起工程量增加。

2）施工合同中规定的任何可能造成工程延期的原因，例如延期交图、工程暂停及不利的外界条件等。

3）异常恶劣的气候条件。

4）由建设单位造成的任何延误、干扰或障碍等，例如按施工合同未及时提供场地、未及时付款等。

5）施工合同规定，承包单位自身外的其他任何原因。

7. 工程最终延期审批表

工程最终延期审批表，见表3-17。

工程最终延期审批表，填写说明如下所述。

（1）工程最终延期审批是在影响工期事件结束，承包单位提出最后一个《工程临时延期申请表》批准后，经项目监理机构详细的研究评审影响工期事件全过程对工程总工期的影响后，批准承包单位有效延期时间。

工程最终延期审批表   表 3-17

工程名称：××工程   编号：×××

致：××建筑工程公司（承包单位）

根据施工合同条款×条的规定，我方对你方提出的××工程延期申请（第×××号）要求延长工期30（日历天）的要求，经过审核评估：

☑ 最终同意工期延长30（日历天）。使竣工日期（包括已指令延长的工期）从原来的2013年8月31日延迟到2013年9月30日。请你方执行。

☐ 不同意延长工期，请按约定竣工日期组织施工。

说明：

由于建设单位在承包单位完成主体结构一至四层的施工任务后，未能按合同约定及时给付工程进度款，从而造成了水泥、钢材等原材料不能及时购置进场投入工程施工使用，经甲乙双方协商，同意延长工期。

项目监理机构××监理公司××项目监理部

总监理工程师×××

日期20××年×月×日

（2）总监理工程师在签认工程延期前应同建设单位、承包单位协商，宜与费用索赔一并考虑处理。

（3）"根据施工合同条款_____条的规定，我方对你方提出的_____工程延期申请……"分别填写处理本次延长工期所依据的施工合同条目和承包单位申请延长工期的原因。

（4）"（第____号）"：填写承包单位提出的最后一个《工程临时延期申请表》编号。

（5）审批意见：在影响工期事件结束，承包单位提出最后一个《工程临时延期申请表》批准后，总监理工程师应指定专业监理工程师复查工程延期及临时延期审批的全部情况，详细地研究评审影响工期事件对工程总工期的影响程度，应由建设单位承担的责任和承包单位采取缩小延期事件影响范围的措施等。根据复查结果，提出同意工期延长的日历天数或不同意延长工期的意见，报总监理工程师最终审批，若不符合施工合同约定的工程延期条款或经计算不影响最终工期，项目监理机构总监理工程师在不同意延长工期前"☐"内划"√"，需延长工期时在同意延长工期前"☐"内划"√"。

（6）同意工期延长的日历天数：指由影响工期事件原因使最终工期延长的总天数。

（7）原竣工日期：指施工合同签订的工程竣工日期或已批准的竣工日期。

（8）延迟到的竣工日期：原竣工日期加上同意工期延长的日历天数后的日期。

（9）说明：详实说明本次影响工期事件和工期拖延的事实和程度，处理本次延长工期所依据的施工合同条款，工期延长计算所采用的方法及计算过程等。

（10）工程延期的最终延期时间应是承包单位的最后一个延期批准后的累计时间，但并不是每一项延期时间的累加，若后面批准的延期内包含有前一个批准延期的内容，则前一项延期的时间不能予以累计。

（11）工程延期审批的依据：承包单位延期申请能够成立并获得总监理工程师批准的依据如下：

1）工期拖延事件是否属实，强调要实事求是。

2）是否符合本工程施工合同的规定。

3）延期事件是否发生在工期网络计划图的关键线路上，也就是延期是否有效合理。

4）延期天数的计算是否正确，证据资料是否充足。

上述 4 条中，只有同时满足前三条，延期申请才能成立。至于时间的计算，监理工程师可按照自己的记录，做出公正合理的计算。

上述前三条中，最关键的一条就是第三条，即：延期事件是否发生在工期网络计划图的关键线路上。因为在承包单位所报的延期申请中，有些虽然满足前两个条件，但并不一定是有效且合理的，只有有效且合理的延期申请才能被批准。也就是说，所发生工期拖延的工程项目必须是会影响到整个工程工期的工程项目，若发生工期拖延的工程项目并不影响整个工程完工期，则延期就不会被批准。

项目是否在关键线路上的确定，一般常用方法是：监理工程师依据最新批准的进度计划来确定关键线路上的工程项目。利用网络图来确定关键线路是最直观的方法。

3.3.2 工程质量监理控制表格

1. 分包单位资格报审表

分包单位资格报审表，见表 3-18。

分包单位资格报审表   表 3-18

工程名称：××工程   编号：×××

致：××××监理公司（监理单位）

经考察，我方认为拟选择的××××建筑工程公司（分包单位）具有承担下列工程的施工资质和施工能力，可以保证本工程项目按合同的规定进行施工。分包后，我方仍承担总包单位的全部责任。请予以审查和批准。

附件：

（1）分包单位资质材料：《建筑业企业资质证书》（复印件）、《企业法人营业执照》（副本）。

（2）分包单位业绩材料：（近三年完成的与分包工程工作内容类似的工程及工程质量情况）

分包工程名称（部位）	工程数量	拟分包工程合同额	分包工程占全部工程
××主体工程		××万（人民币）	×％
××基础工程		××万（人民币）	×％
合计		××万（人民币）	×％

承包单位（章）××××建筑工程公司

项目经理×××

日期20××年×月×日

专业监理工程师审查意见：

该分包单位具备分包资质条件，拟同意分包，请总监理工程师审核。

（如认为不具备分包条件应简要指出不符合条件之处，并签署"拟不同意分包，请总监理工程师审查"的意见）

专业监理工程师×××

日期20××年×月×日

总监理工程师审查意见：

同意（不同意）分包。

（如不同意专业监理工程师意见，应简要指明与专业监理工程师审查意见的不同之处，并签认是否同意分包的意见）

项目监理机构××监理公司××项目监理部

总监理工程师×××

日期20××年×月×日

分包单位资格报审表，填写说明如下：

（1）分包单位资格报审是总承包单位在分包工程开工之前，对分包单位的资格报项目监理机构审查确认。

（2）未经总监理工程师确认，分包单位不得进场施工，总监理工程师对分包单位资格的确认不解除总承包单位应负的责任。

（3）在施工合同中已明确或经过招标确认的分包单位（即建设单位书面确认的分包单位），承包单位可不再对分包单位资格进行报审。

（4）分包单位：按所报分包单位《企业法人营业执照》全称填写。

（5）分包单位资质材料：指按原建设部第159号令颁布的《建筑业企业资质管理规定》，经建设行政主管部门进行资质审查核发的，具有相应专业承包企业资质等级和建筑业劳务分包企业资质的《建筑业企业资质证书》以及《企业法人营业执照》副本。

（6）分包单位业绩材料：指分包单位近三年内完成的与分包工程工作内容类似的工程及工程质量的情况。

（7）分包工程名称（部位）：指拟分包给所报分包单位的工程项目名称（部位）。

（8）工程数量：指分包工程项目的工作量（工程量）。

（9）拟分包工程合同额：指在拟签订的分包合同中签订的金额。

（10）分包工程占全部工程：指分包工程工作量占全部工程工作量的百分比。

（11）专业监理工程师审查意见：专业监理工程师应对承包单位所报材料逐一进行审核，主要审查内容包括：对取得施工总承包企业资质等级证书的分包单位，审查其核准的营业范围与拟承担的分包工程是否相符；对取得专业承包企业资质证书的分包单位，审查其核准的等级和范围与拟承担分包工程是否相符；对取得建筑业劳务分包企业资质的，审查其核准的资质与拟承担的分包工程是否相符。在此基础上，项目监理机构和建设单位认为有必要时，会同承包单位对分包单位进行考查，主要核实承包单位的申报材料与实际情况是否属实。

专业监理工程师在对承包单位报送分包单位有关资料进行考察核实的（必要时）基础上，提出审查意见、考察报告（必要时）附报审表后，根据审查情况，如认定该分包单位具备分包条件，则批复"该分包单位具备分包条件，拟同意分包，请总监理工程师审核"，如认为不具备分包条件应简要指出不符合条件之处，并签署"拟不同意分包，请总监理工程师审查"的意见。

（12）总监理工程师审批意见：总监理工程师对专业监理工程师的审查意见、考察报告进行审核，若同意专业监理工程师意见，则签署"同意（不同意）分包"；若不同意专业监理工程师意见，则应简要指明与专业监理工程师的审查意见的不同之处，并签认是否同意分包的意见。

（13）分包单位资格报审程序：

1）承包单位应在工程项目开工前或拟分包的分项、分部工程开工前，填写《分包单位资格报审表》，并附上经其自审认可的分包单位的有关资料，报项目监理机构审核。

2）项目监理机构应在施工合同规定的期限之内完成或提出进一步补充有关资料的审批工作。

3）项目监理机构和建设单位认为有必要时，可会同承包单位对分包单位进行实地考察，以确保分包单位有关资料的真实性。

4）若分包单位的资格符合有关规定并满足工程需要，则由总监理工程师签发《分包单位资格报审表》予以确认。

5）分包合同签订之后，承包单位将分包合同报项目监理机构备案。

（14）分包单位资格报审内容：

1）承包单位对部分分项、分部工程（主体结构工程除外）实行分包必须符合施工合同的规定。

2）分包单位的营业执照、企业资质等级证书、特种行业施工许可证、国外（境外）企业在国内承包工程许可证。

3）分包单位的业绩。

4）分包工程内容与范围。

5）专职管理人员及特种作业人员的资格证、上岗证。

2. 隐蔽（检验批、分项、分部）工程报验申请表

隐蔽（检验批、分项、分部）工程报验申请表，见表 3-19。

隐蔽（检验批、分项、分部）工程报验申请表 表 3-19

工程名称：××工程 　　　　　　　　　　　　　　　　　　　　　　编号：×××

致：××××监理公司（监理单位） 　　我单位已完成了××工程××隐藏（检验批、分项、分部）工程的施工工作，现报上该工程报验申请表，请予以审查验收。 　　附件： 　　《隐蔽工程报验申请表》应附有《隐蔽工程验收记录》与有关分项（检验批）工程质量验收以及测试资料等相关内容。 　　《检验批工程报验申请表》应附有《检验批质量验收记录》、施工操作依据以及质量检查记录等内容。 　　《分项工程报验申请表》应附有《分项工程质量验收记录》等内容。 　　《分部（子分部）工程报验申请表》应附有《分部（子分部）工程质量验收记录》及工程质量验收规范所要求的质量控制资料、安全以及功能检验（检测）报告、观感质量验收资料等内容。 <div align="right">承包单位（章）××××建筑工程公司</div><div align="right">项目经理×××</div><div align="right">日期20××年×月×日</div>
审查意见： 　　（1）所报附件材料真实且内容齐全、有效。 　　（2）所报隐蔽（检验批、分项、分部）工程施工质量符合施工验收规范及设计要求。 　　综上所述，该隐藏（检验批、分项、分部）工程施工质量可评定为合格。 　　（对未经监理人员验收或是验收不合格的、需旁站而未旁站或没有旁站记录签字不全的隐蔽工程、检验批，监理工程师不得签认，承包单位严禁进行下一道工序的施工） <div align="right">项目监理机构××监理公司××项目监理部</div><div align="right">总/专业监理工程师×××</div><div align="right">日期20××年×月×日</div>

隐蔽（检验批、分项、分部）工程报验申请表，填写说明如下：

（1）承包单位按照约定的验收单元施工完毕，自检合格后报请项目监理机构检查验收。

（2）本表是隐蔽工程、检验批、分项工程、分部工程报验通用表。报验时按实际完成的工程名称填写。

（3）任一验收单元，未经项目监理机构验收及确认不得进行下一道工序的施工。

（4）审查意见：专业监理工程师对所报隐蔽工程、检验批、分项工程资料认真核查，确认资料是否齐全、填报是否符合要求，并依据现场实地检查情况按表式项目签署审查意见，分部工程由总监理工程师组织验收，并签署验收意见。

（5）分包单位的报验资料必须经总包单位审核后方可向监理单位报验。所以相关部位的签名必须由总包单位相应人员签署。

（6）工程报验程序：

1）隐蔽工程验收：

①隐蔽工程施工完毕，承包单位自检合格，填写《隐蔽工程报验申请表》，附《隐蔽工程验收记录》及有关分项（检验批）工程质量验收及测试资料向项目监理机构报验。

②承包单位应在隐蔽验收前 48 小时以书面形式通知监理验收内容、验收时间以及地点。

③专业监理工程师应准时参加隐蔽工程验收，审核其自检结果及相关资料，现场实物检查、检测，符合要求的予以签认。反之，专业监理工程师则应签发《监理工程师通知单》，详实指出不符合之处，要求承包单位整改。

2）检验批工程质量验收：

①检验批施工完毕，承包单位自检合格，填写《检验批工程报验申请表》，附《检验批质量验收记录》与施工操作依据、质量检查记录向项目监理机构报验。

②承包单位应在检验批验收前 48 小时以书面形式通知监理验收内容、验收时间及地点。

③专业监理工程师应按时组织承包单位项目专业质量检查员等进行验收，现场实物检查、检测，审核其有关资料，主控项目和一般项目的质量经抽样检查合格；施工操作依据、质量检查记录完整、符合要求，专业监理工程师应予以签认。否则，专业监理工程师应签发《监理工程师通知单》，详实指出不符合之处，要求承包单位整改。

④承包单位根据《监理工程师通知单》要求整改完毕，自检合格后用《监理工程师通知回复单》报项目监理机构复核，满足要求后予以确认。

3）对未经监理人员验收或验收不合格的、需旁站而未旁站或没有旁站记录或旁站记录签字不全的隐蔽工程、检验批，监理工程师不得签认，承包单位不得进行下一道工序的施工。

（7）分项工程质量验收：

1）分项工程所含的检验批全部通过验收，承包单位整理验收资料，在自检评定合格后填写《分项工程报验申请表》，并附《分项质量验收记录》报项目监理机构。

2）专业监理工程师组织承包单位项目专业技术负责人等进行验收，对承包单位所报资料以及该分项工程的所有检验批质量检查记录进行审查，构成分项工程的各检验批的验收资料文件完整，并且均已验收合格，专业监理工程师予以签认。

(8) 分部（子分部）工程质量验收：

1) 分部（子分部）工程所含的分项工程全部通过验收，承包单位整理验收资料，在自检评定合格之后填写《分部（子分部）工程报验申请表》，并附《分部（子分部）工程质量验收记录》及工程质量验收规范要求的质量控制资料、安全及功能检验（检测）报告等向项目监理机构报验。

2) 承包单位应在验收前 72 小时以书面形式通知监理验收内容、验收时间及地点。总监理工程师按时组织承包单位项目经理（项目负责人）和技术、质量负责人等进行验收；地基与基础、主体结构分部工程的勘察、设计单位工程项目负责人和承包单位技术、质量部门负责人也应参加相关分部工程的验收。

3) 分部（子分部）工程质量验收包括报验资料核查及实体质量抽样检测（检查）。分部（子分部）工程所含分项工程的质量均已验收合格；质量控制资料完整；地基与基础、主体结构和设备安装等分部工程有关安全及功能的检验和抽样检测结果均符合相关规定；观感质量验收符合要求。总监理工程师应予以确认，在《分部（子分部）工程质量验收记录》签署验收意见，各参加验收单位项目负责人签字。否则，总监理工程师应签发《监理工程师通知单》，指出不符合之处，要求承包单位整改。

4) 承包单位按照《监理工程师通知单》要求整改完毕，自检合格后用《监理工程师通知回复单》报项目监理机构复核，满足要求之后予以确认。

3. 监理工程师通知单

监理工程师通知单，见表 3-20。

监理工程师通知单   表 3-20

工程名称：××工程   编号：×××

致：××××建筑工程公司（单位）

事由：
用于搅拌混凝土与砂浆的水泥未按照规定执行有见证取样及送检制度。

内容：

依照相关文件及现行工程质量验收规范及标准的要求，用于拌制混凝土与砂浆的水泥必须严格执行有见证取样及送检制度。见证组数应为总组数的 30%，10 组以下不少于 2 组，同时需要注意取样的连续性及均匀性，避免集中。

为此特发此通知，要求施工单位针对此项目的问题进行认真检查，并将检查结果报项目监理部。

项目监理机构××监理公司××项目监理部
总/专业监理工程师×××
日期20××年×月×日

监理工程师通知单，填写说明如下：

（1）在监理工作中，项目监理机构根据委托监理合同授予的权限，对承包单位发出的指令、提出的要求，除另有规定外，均应采用此表。监理工程师现场发出的口头指令及要求，也应采用此表予以确认。

（2）监理通知承包单位应签收和执行，并将执行结果用《监理工程师通知回复单》报监理机构复核。

（3）事由：指通知事项的主题。

（4）内容：在监理工作中，项目监理机构根据委托监理合同授予的权限，对承包单位所发出的指令提出要求。针对承包单位在工程施工中出现的不满足设计要求、不符合施工技术标准、不符合合同约定的情况及偷工减料、使用不合格的材料、构配件与设备，纠正承包单位在工程质量、进度、造价等方面的违规、违章行为。

（5）承包单位若对监理工程师签发的监理通知中的要求有异议，应在收到通知之后24小时内向项目监理机构提出修改申请，并要求总监理工程师予以确认，但在未得到总监理工程师修改意见之前，承包单位应执行专业监理工程师下发的《监理工程师通知单》。

4. 监理工程师通知回复单

监理工程师通知回复单，见表3-21。

监理工程师回复通知单 表3-21

工程名称：××工程 编号：×××

致：××××监理公司（监理单位） 我方接到编号为×××的监理工程师通知后，已按要求完成了对硬质阻燃塑料管（PVC）暗敷设工程质量问题的整改工作，现报上，请予以检查。 详细内容： 我项目部收到编号为×××的《监理工程师通知单》后，立即组织相关人员对现场已完成的硬质阻燃塑料管（PVC）暗敷设工程进行了全面的质量复查，共发现此类问题8处。并且立即进行了整改处理： （1）对于稳埋盒、箱先用后缀找正，位置正确后再进行固定稳埋。 （2）暗装的盒口或箱口与墙面平齐，不出现凸出墙面或凹陷的现象。 （3）用水泥砂浆将盒底部四周填实抹平，盒子收口平整。 经过自检达到了电气工程质量验收规范的要求。同时对电气工程施工人员进行了质量意识教育，并保证在今后的施工过程中严格控制施工质量，以确保工程质量目标的实现。 <div style="text-align:right">承包单位（章）××××建筑工程公司 项目经理××× 日期20××年×月×日</div>
审查意见： 经过对编号为×××《监理工程师通知单》提出的问题的复查，项目部已按照《监理工程师通知单》整改完毕，经检查均已符合要求。 （如不符合要求，应具体指明不符合要求的项目或部位，签署"不符合要求，要求承包单位继续整改"的意见） <div style="text-align:right">项目监理机构××监理公司××项目监理部 总/专业监理工程师××× 日期20××年×月×日</div>

监理工程师通知回复单，填写说明如下：

（1）承包单位落实《监理工程师通知单》后，报项目监理机构检查复核。

（2）承包单位完成《监理工程师通知回复单》中要求继续整改的工作之后，仍用此表回复。

（3）涉及应总监理工程师审批工作内容的回复单，应由总监理工程师审批。

（4）"我方收到编号为____"：填写所回复的《监理工程师通知单》的编号。

（5）"完成了____工作"：按《监理工程师通知单》要求完成的工作填写。

（6）详细内容：针对《监理工程师通知单》的要求，简要说明落实过程、结果及自检情况，在必要时附有关证明资料。

（7）复查意见：专业监理工程师应详细核查承包单位所报的有关资料，当满足要求后针对工程质量实体的缺陷整改进行现场检查，符合要求后填写"已按《监理工程师通知单》整改完毕，经检查符合要求"的意见，若不符合要求，则应具体指明不符合要求的项目或部位，签署"不符合要求，要求承包单位继续整改"的意见。

5. 工程材料/构配件/设备报审表

工程材料/构配件/设备报审表，见表3-22。

工程材料/报审表
表3-22

工程名称：××工程　　　　　　　　　　　　　　　　　　　　　　编号：×××

致：××××监理公司（监理单位）
我方于20××年××月××日进场的工程材料/构配件/设备数量如下（见附件）。现将质量证明文件及自检结果报上，拟用于下述部位： 　（1）②～⑥/⑧～⑪轴、+3.50~+6.50m现浇混凝土柱、梁、板的配筋。 　（2）+9.50~+15.50m所有门窗洞口、过梁配筋口、过梁配筋，请予以审核。

附件：

1. 数量清单：

工程材料/构配件/设备名称	主要规格	单位	数量	取样报审表编号
光圆钢筋	HPB235/Φ8	t	××	××××
光圆钢筋	HPB235/Φ14	t	××	××××
热轧带肋钢筋	HRB335/Φ14	t	××	××××
热轧带肋钢筋	HRB335/Φ20	t	××	××××

2. 质量证明文件：

（1）出厂合格证5页（若出厂合格证无原件，有抄件或原件复印件亦可。但抄件或原件复印件上要注明原件存放单位，抄件人和抄件、复印件单位签名并盖公章）。

（2）厂家质量检验报告5页。

（3）进场复试报告5页（复试报告一般应提供原件）。

3. 自检结果：

工程材料质量证明资料齐全，观感质量及进场复试检验结果均合格。

承包单位（章）××建筑工程公司
项目经理×××
日期20××年×月×日

审查意见：

经检查，上述工程材料，符合/设计文件及规范的要求，准许/进场，同意/使用于拟定部位。

项目监理机构××监理公司××项目监理部
总/专业监理工程师×××
日期20××年×月×日

工程材料/构配件/设备报审表填写说明：

（1）工程材料/构配件/设备报审是承包单位对拟进场的主要工程材料、构配件、设备，在自检合格之后报项目监理机构进行进场验收。

（2）对于未经监理人员验收或验收不合格的工程材料、构配件、设备，监理人员应拒绝签认，承包单位不得在工程上使用，并应限期将不合格的材料、构配件、设备撤出现场。

（3）拟用于部位：工程材料、构配件、设备拟用于工程的具体部位。

（4）材料/构配件/设备清单：按照表列括号内容用表格形式填报。

（5）工程材料/构配件/设备质量证明资料：指生产单位提供的证明工程材料/构配件/设备质量合格的证明资料。比如：合格证、性能检测报告等。凡无国家或省正式标准的新材料、新设备、新产品均应有省级及以上有关部门鉴定文件。凡进口的材料、产品、设备均应有商检的证明文件。若无出厂合格证原件，则有抄件或原件复印件亦可。但抄件或原件复印件上要注明原件存放单位，抄件人以及抄件、复印件单位签名并盖公章。

（6）自检结果：指所购材料、构配件、设备的承包单位对所购材料、构配件、设备，根据有关规定进行自检及复试的结果。对建设单位采购的主要设备进行开箱检查监理人员应进行见证，并在其开箱检查上记录签字。复试报告一般应提供原件。

（7）专业监理工程师审查意见：专业监理工程师对报验单所附的材料、构配件、设备清单、质量证明资料及自检结果认真核对，在满足要求的基础上对所进场材料、构配件、设备进行实物核对及观感质量验收，查验是否与清单、质量证明资料合格证及自检结果相符、是否有质量缺陷等情况，并将检查情况记录在监理日记中，根据检查结果，若符合要求，则将"不符合"、"不准许"及"不同意"用横线划掉，否则，将"符合"、"准许"及"同意"划掉，并指出不符合要求之处。

（8）工程材料/构配件/设备报审程序：

1）承包单位应对拟进场的工程材料、构配件和设备（包括建设单位采购的工程材料、构配件、设备），根据有关规定对工程材料进行自检及复试，对构配件进行自检，对设备进行开箱检查，符合规定要求后填写《工程材料/构配件/设备报审表》，并附上清单、质量证明资料及自检结果报项目监理机构。

2）专业监理工程师应对承包单位报送的《工程材料/构配件/设备报审表》及其质量证明等资料进行审核，并应对进场的工程材料、构配件以及设备实物，根据委托监理合同的约定或有关工程质量管理文件的规定比例，进行见证取样送检（见证取样送检情况应记录在监理日志中）。

3）对进口材料、构配件以及设备，应根据事先约定，由建设单位、承包单位、项目监理机构、供货单位及其他有关单位进行联合检查，检查情况及结果应整理成纪要，并有有关各方代表签字。

4）经专业监理工程师审核检查合格，签认《工程材料/构配件/设备报审表》，对未经专业监理工程师验收或验收不合格的工程材料、构配件和设备，专业监理工程师应拒绝签认，并应签发《监理工程师通知单》，书面通知承包单位限期运出现场。

6. 不合格项处置记录

不合格项处置记录，见表 3-23。

工程名称××工程　　　　　　　　　　　　　　　　　　　　　　　　编号×××

不合格项发生部位与原因： 致××建筑工程公司（单位）： 　　由于以下情况的发生，使你单位在<u>第五层②～⑥/⑧～⑪轴墙体施工时</u>发生严重 ☑/一般□不合格项，请及时采取措施予以整改。 　　具体情况： 　　为控制第五层②～⑥/⑧～⑪轴墙体钢筋保护层厚度，应点焊连接梯子定位钢筋。经检查梯子筋制作的各部位尺寸，发现其间距较小及竖向定位筋顶模板端部未磨平且未刷防锈漆。 　　　　　　　　　　　　　　　　　　　　　　　□自行整改 　　　　　　　　　　　　　　　　　　　　　　　☑整改后报我方验收 签发单位名称××监理公司　签发人（签字）×××日期20××年×月×日
不合格项改正措施： 　　点焊连接梯子定位筋，梯子筋制作尺寸、间距符合要求，竖向定位筋顶模板端部磨平，刷防锈漆。 　　　　　　　　　　　　　　　　整改限期20××年××月××日前完成 　　　　　　　　　　　　　　　　　　　　整改责任人（签字）××× 　　　　　　　　　　　　　　　　　　　　单位负责人（签字）×××
不合格项整改结果： 致：××监理公司（签发单位）： 　　根据你方指示，我方已完成相应的整改，请予以验收。 　　　　　　　　　　　　　　　　　　　单位负责人（签字）：××× 　　　　　　　　　　　　　　　　　　　日期：20××年×月×日
整改结论： 　　同意验收 　　　　　　　　　　　　　　　　　　　验收单位名称××监理公司 　　　　　　　　　　　　　　　　　　　验收人（签字）××× 　　　　　　　　　　　　　　　　　　　日期20××年×月×日

　　不合格项处置记录，填写说明如下：

　　（1）监理工程师在隐蔽工程验收和检验批验收过程中，对于不合格的工程应填写《不合格项处置记录》。

　　（2）本表由下达方填写，整改方填报整改结果。本表也适用于监理单位对项目监理部的考核工作。

　　（3）"使你单位在_____发生"栏填写不合格项发生的具体部位。

　　（4）"发生严重□/一般□不合格项"栏按照不合格项的情况来判定其性质，当发生严重不合格项时，在"严重"选择框处划"√"；当发生一般不合格项时，在"一般"选择框处划"√"。

（5）"具体情况"栏由监理单位签发人填写不合格项的具体内容，并在"自行整改"或"整改后报我方验收"选择框处划"√"。

（6）"签发单位名称"栏应填写监理单位名称。

（7）"签发人"栏应填写签发该表的监理工程师或总监理工程师。

（8）"不合格项改正措施"栏由整改方填写具体的整改措施内容。

（9）"整改期限"栏指整改方要求不合格项整改完成的时间。

（10）"整改责任人"栏为一般为不合格项所在工序的施工负责人。

（11）"单位负责人"栏为整改责任人所在单位或部门负责人。

（12）"不合格项整改结果"栏填写整改完成的结果，并向签发单位提出验收申请。

（13）"整改结论"栏根据不合格项整改验收情况由监理工程师填写。

（14）"验收单位名称"为签发单位，即监理单位。

（15）"验收人"栏为签发人，即监理工程师或总监理工程师。

7. 施工监理日记

施工监理日记，见表3-24。

施工监理日记　　　　　　　　　　　　　　　　　　　　　　表3-24

工程名称：××工程　　　　　　　　　　　　　　　施工单位：××建筑工程公司

施工部位	+6.000m楼面		日期	20××年×月×日	
气象情况	最高气温32℃　　最低气温24℃　　风力：2～3级				
序号	施工情况				记录人
1	①～④/Ⓐ～Ⓔ轴现浇板钢筋绑扎，各工种埋件固定，塔吊作业（××型号），钢筋班组15人。				×××
2	⑧～㉓/Ⓔ～Ⓗ轴因设计单位提出对该部位施工图进行修改，待《工程变更单》下发后，再组织有关人员施工。				×××
3	⑮～㉓/Ⓔ～Ⓗ柱、梁、现浇模板开始安装，塔吊作业（××型号），木工班组18人。				×××
4					

主要事项记载：

（1）经巡视检查，发现①～④/Ⓐ～Ⓔ轴现浇板钢筋绑扎过程中，钢筋保护层、搭接长度不够，存在绑扎随意的现象。已给承包单位发出了《监理工程师通知单》（编号：×××），签收人为承包单位施工现场负责人×××。

（2）对+3.00m、④～⑧/Ⓐ～Ⓔ轴梁的混凝土浇筑工作予以验收，工程主控项目、一般项目符合施工质量验收规范要求。

参加验收人员：
监理单位：×××、×××
施工单位：×××、×××、×××

记录人：×××

施工监理日记，填写说明如下：

（1）监理日记是项目监理机构在被监理工程施工期间每日记录气象、施工记录、监理工作及相关事项的日记。

（2）监理日记每册封面应标明工程名称、册号、记录时间段及建设单位、设计单位、施工单位、监理单位名称，并由总监理工程师签字。

（3）监理人员应及时填写监理日记并签字。

（4）监理日记不得补记，不得隔页或扯页，应保持其原始记录。

（5）监理日记的主要内容：

1）施工记录：指施工人数、作业内容及部位，使用的主要施工设备、材料等；对主要的分部、分项工程开工、完工做出标记。

2）主要事项记载：指记载当日的下列监理工作内容以及有关事项：

①施工过程巡视检查和旁站监理、见证取样送检。

②施工测量放线、工程报验情况及验收结果。

③材料、设备、构配件和主要施工机械设备进场情况及进场验收结果。

④施工单位资料报审及审查结果。

⑤施工图交接、工程变更的有关事项。

⑥所发监理通知（书面或口头）的主要内容及签发、接收人。

⑦建设单位、施工单位提出的相关事宜以及处理意见。

⑧工地会议议定的有关事项及协调确定的有关问题。

⑨工程质量事故（缺陷）及处理方案。

⑩异常事件（可能引发索赔的事件）及其对施工的影响情况。

⑪设计人员到工地处理及交代的有关事宜。

⑫质量监督人员、有关领导来工地检查、指导工作情况及有关指示。

⑬其他重要事项。

8. 旁站监理记录

旁站监理记录，见表 3-25。

旁站监理记录，填写说明如下：

（1）旁站监理记录是指监理人员在房屋建筑工程施工阶段监理过程中，对关键部位、关键工序的施工质量，实施全过程现场跟班的监督活动所见证的有关情况的记录。

（2）房屋建筑工程的关键部位以及关键工序包括：

1）在基础工程方面：土方回填、混凝土灌注桩浇筑，地下室连续墙、土钉墙、后浇带及其他混凝土、防水混凝土浇筑，钢结构安装，卷材防水层细部构造处理。

2）主体结构工程方面：梁柱节点钢筋隐蔽过程，混凝土浇筑，预应力张拉，装配式结构安装，网架结构安装，钢结构安装，索膜安装。

（3）承包单位按照项目监理机构制定的旁站监理方案，在需要实施的关键部位、关键工序施工前 24 小时，进行书面通知项目监理机构。

（4）凡旁站监理人员以及承包单位现场质检人员未在旁站监理记录上签字的，不得进行下一道工序的施工。

（5）凡上述第（2）条规定的关键部位、关键工序未实施旁站监理或没有旁站监理记录的，专业监理工程师或总监理工程师不得在其相应文件上签字。

旁站监理记录

编号：×××

工程名称	×××工程		日期	20××年×月×日
气象情况	最高气温33℃	最低气温23℃		风力：2～3级
旁站监理的部位或工序：层面①～⑧/Ⓐ～Ⓕ轴混凝土浇筑				
旁站监理开始时间：20××年×月×日10：00				
旁站监理结束时间：20××年×月×日15：20				
施工情况： 　　采用商品混凝土，其强度等级为C25，配合比编号为×××。现场需采用汽车泵1台进行混凝土的浇筑施工。				
监理情况： 　　检查混凝土坍落度4次，实测坍落度为150mm，符合混凝土配合比的要求。制作混凝土试块2组（编号：××、××，其中编号为××的试块为见证试块），混凝土浇筑过程符合施工验收规范的要求。				
发现问题： 　　混凝土浇筑之后并没有及时进行覆盖。				
处理意见： 　　在混凝土表面覆盖塑料布进行养护。				
备注：				
承包单位名称：××建筑工程公司 质检员（签字）：××× 　　　　　　　　20××年×月×日			监理单位名称：××监理公司 旁站监理人员（签字）：××× 　　　　　　　　20××年×月×日	

（6）旁站监理记录在工程竣工验收之后，由监理单位归档备查。

（7）施工情况：指所旁站部位（工序）的施工作业内容、主要施工机械、材料、人员以及完成的工程数量等。

（8）监理情况：指旁站人员对施工作业情况的监督检查，其主要内容有：

1）承包单位现场质检人员到岗情况、特殊工种人员持证上岗以及施工机械、建筑材料的准备情况。

2）在现场所跟班监督关键部位、关键工序的施工执行施工方案以及工程建设强制性标准情况。

3）核查进场建筑材料、建筑构配件、设备以及商品混凝土的质量检验报告等。

（9）对于旁站时发现的问题可先进行口头通知承包单位改正，然后应及时签发《监理工程师通知单》。

3.3.3　工程造价监理控制表格

1. 工程款支付申请表

工程款支付申请表，见表3-26。

工程款支付申请表

表 3-26

工程名称：××工程　　　　　　　　　　　　　　　　编号：×××

致：××××监理公司（监理单位）

我方已完成了 ±0.000～+10.500m 的主体结构工程施工工作，按施工合同的规定，建设单位应在20××年×
×月××日前支付该项工程款共（大写）贰佰叁拾陆万柒仟贰佰捌拾柒元整（小写：¥2367287.00），现报上××工
程付款申请表，请予以审查并开具工程款支付证书。

附件：

1. 工程量清单：

（略）

2. 计算方法：

根据实际情况，依据工程概预算定额进行计算。

承包单位（章）××建筑工程公司

项目经理×××

日期20××年×月×日

工程款支付申请表，填写说明如下：

（1）承包单位按照施工合同中工程款支付约定，向项目监理机构申请开具工程款支付证书。

（2）申请支付工程款金额包括合同内工程款、批准的索赔费用、工程变更增减费用，扣除应扣预付款、保留金以及施工合同中约定的其他费用。

（3）"我方已完成了_____工作"：填写经专业监理工程师验收合格的工程；定期支付进度款的填写本支付期内经专业监理工程师验收合格工程的工作量。

（4）工程量清单：指本次付款申请中的经专业监理工程师验收合格工程的工程量清单统计报表。

（5）计算方法：指以专业监理工程师签认的工程量根据施工合同约定采用的有关定额（或其他计价方法的单价）的工程价款计算。

（6）根据施工合同约定，需建设单位支付工程预付款的，也采用此表向监理机构申请支付。

（7）工程款申请中如有其他与付款有关的证明文件和资料时，应附有相关证明资料。

2. 费用索赔申请表

费用索赔申请表，见表 3-27。

费用索赔申请表，填写说明如下：

（1）费用索赔申请是承包单位向建设单位提出费用索赔，报项目监理机构审查、确认及批复。

（2）"根据合同条款_____条的规定"：填写提出费用索赔所依据的施工合同条目。

（3）"由于____原因"：填写导致费用索赔的事件。

（4）索赔的详细理由及经过：指索赔事件造成承包单位直接经济损失，索赔事件是因为非承包单位的责任发生的情况的详细理由及事件经过。

（5）索赔金额计算：索赔的费用内容一般包括人工费、材料费、设备费、管理费等。

工程名称：××工程   编号：×××

致：××××监理公司（监理单位）

  根据施工合同条款×条的规定，由于<u>五层②～⑦/⑧～⑭轴混凝土工程已按照原设计图施工完毕，设计单位变更通知修改，接洽商附图施工</u>的原因，我方要求索赔金额（大写）<u>叁拾玖万贰仟零伍拾</u>元，请予以批准。

  索赔的详细理由及经过：

  五层②～⑦/⑧～⑭轴混凝土工程已按施工图纸（结-9，结-2）施工完毕后，设计单位变更通知修改，以核发的新设计图为准。因平面布置、配筋等均发生重大改动，造成我方直接经济损失。

  索赔金额的计算：

  （根据实际情况，按照工程概预算定额计算）

  附：证明材料

  工程洽商记录及附图

  （证明材料主要有：合同文件、监理工程师批准的施工进度计划、合同履行过程中的来往函件、施工现场记录、工地会议纪要、工程照片、监理工程师发布的各种书面指令、工程进度款支付凭证、汇率变化表、检查和试验记录、各类财务凭证、其他有关资料。）

承包单位××建筑工程公司

项目经理×××

日期20××年×月×日

  （6）证明材料：指所需的各种证明材料，包括以下内容：合同文件；监理工程师批准的施工进度计划；合同履行过程中的往来函件；施工现场记录；工程照片；工地会议纪要；监理工程师发布的各种书面指令；工程进度款支付凭证；检查和试验记录；各类财务凭证；汇率变化表；其他相关资料。

  （7）费用索赔的报审程序：

  1）承包单位在施工合同所规定的期限（索赔事件发生后 28 天）内，向项目监理机构提交对建设单位的费用索赔意向通知。

  2）总监理工程师指定专业监理工程师收集与索赔有关的资料，如各项记录、报表、文件以及会议纪要等。

  3）承包单位在承包合同规定的期限（发出索赔意向通知后 28 天）内向项目监理机构提交对建设单位的《费用索赔申请表》。

  4）总监理工程师根据承包单位报送的《费用索赔审批表》，安排专业监理工程师进行审查，当符合《建设工程监理规范》GB/T 50319—2013 相关规定的条件时，予以受理。但是若依法成立的施工合同另有规定时，依据施工合同办理。

  （8）承包单位向建设单位索赔的原因主要有：

  1）合同文件内容出错引起的索赔。

2）因图纸延迟交出造成索赔。

3）因不利的实物障碍及不利的自然条件引起索赔。

4）因建设单位提供的水准点、基线等测量资料不准确造成的失误与索赔。

5）承包单位根据专业监理工程师意见，进行额外钻孔及勘探工作引起索赔。

6）因建设单位风险所造成的损害的补救和修复所引起的索赔。

7）因施工中承包单位开挖到化石、文物、矿产等珍贵物品，要求停工处理引起的索赔。

8）因需要加强道路与桥梁结构以承受"特殊超重荷载"而索赔。

9）因建设单位雇佣其他承包单位的影响，并为其他承包单位提供服务提出索赔。

10）因额外样品与试验而引起索赔。

11）因对隐蔽工程的揭露或开孔检查引起的索赔。

12）因工程中断引起的索赔。

13）因建设单位延迟移交土地引起的索赔。

14）因非承包单位原因造成了工程缺陷需要修复而引起的索赔。

15）因要求承包单位调查及检查缺陷所引起的索赔。

16）因工程变更引起的索赔。

17）因变更合同总价格超过有效合同价的15％而引起索赔。

18）因特殊风险引起的工程被破坏和其他款项支出而提出的索赔。

19）因特殊风险使合同终止后的索赔。

20）因合同解除后的索赔。

21）建设单位违约引起工程终止等的索赔。

22）因物价变动引起的工程成本的增减的索赔。

23）因后继法规的变化引起的索赔。

24）因货币及汇率变化引起的索赔。

3. 工程变更费用报审表

工程变更费用报审表，见表3-28。

工程变更费用报审表，填写说明如下：

（1）工程变更费用报审是承包单位收到总监理工程师签认的《工程变更单》之后，在施工合同约定的期限（在工程变更确认后14天）之内就变更工程价款报项目监理机构进行审核确认。

（2）总监理工程师应在施工合同规定的期限（在收到工程变更费用报审表之日起14天）之内签发《工程变更费用报审表》，在签认《工程变更费用报审表》前应同建设单位、承包单位协商。

（3）工程变更概（预）算书：指按施工合同约定的标准定额（或其他计价方法的单价）对工程变更价款的计算书。

（4）审查意见：总监理工程师指定专业监理工程师首先审核该项变更的各项手续是否齐全，其变更是否经总监理工程师确认；其次，审核承包人是否在工程变更确认后14天内向专业监理工程师提出了变更价款的报告，若超过此期限，则视为该项目不涉及合同价款的变更。以上条件满足要求之后，专业监理工程师对工程变更概（预）算书进行审核，核对工程款的计算方法是否符合施工合同的规定、计算是否准确，审查结果报总监理工程师。总监理工程师取得建设单位授权的，根据施工合同规定与承包单位进行协商，意见达成一致后向建设单位通报协商结果；未取得建设单位授权的，总监理工程师应协助建设单位和承包单位进行协商。达成一致意见的签署协商一致的意见。若建设单位和承包单位未能达成一致意见，则监理机构应提出一个暂定价格，待工程竣工结算时，以建设单位和承包单位达成的协议为准。

工程变更费用报审表 表 3-28

工程名称：××工程 编号：×××

致：××监理公司（监理单位）

    根据第×××号工程变更单，申请费用如下表，请审核。

项目名称	变更前			变更后			工程款（元）增（＋）减（－）
	工程量	单价/元	合价/元	工程量	单价/元	合价/元	
矩形柱 C20	150.00m³	528.01	79201.50	165.35m³	528.01	87306.45	＋8104.95
预埋件制作安装	2.3t	4800.00	11040.00	3.45t	5200.00	17940.00	＋6900.00
合计							＋15004.95

承包单位××建筑工程公司

项目经理×××

日期20××年×月×日

监理工程师审核意见：

（1）工程量符合所报工程实际。

（2）符合《工程变更单》（编号：×××）中双方的约定。

（3）单价、金额的计算和选用准确。

综上所述，同意承包单位的变更费用申请。

项目监理机构××监理公司××项目监理部

总/专业监理工程师×××

日期20××年×月×日

4. 工程款支付证书

工程款支付证书，见表3-29。

工程款支付证书　　　　　　　　　　　　　　**表 3-29**

工程名称：××工程　　　　　　　　　　　　　　　　　　编号：×××

致：××建筑工程公司（承包单位）

　　根据施工合同的规定，经审核承包单位的付款申请和报表，并扣除有关款项，同意本期支付工程款共（大写）**叁佰柒拾万伍仟肆佰玖拾捌元整**（小写：￥3705498）。请按合同规定及时付款。

　　其中：

　　1. 承包单位申报款为：**叁佰捌拾玖万伍仟零肆拾元整**

　　2. 经审核承包单位应得款为：**叁佰捌拾叁万柒仟零伍拾伍元整**

　　3. 本期应扣款为：**壹拾叁万壹仟伍佰伍拾柒元整**

　　4. 本期应付款为：**叁佰柒拾万伍仟肆佰玖拾捌元整**

　　附件：

　　1. 承包单位的工程付款申请表及附件。

　　2. 项目监理机构审查记录。

项目监理机构××监理公司××项目监理部

总监理工程师×××

日期20××年×月×日

工程款支付证书，填写说明如下：

（1）《工程款支付证书》是项目监理机构在收到承包单位的《工程款支付申请表》，依据施工合同及相关规定审查复核后签署的应向承包单位支付工程款的证明文件。

（2）建设单位：指建筑施工合同中的发包人。

（3）承包单位申报款：指承包单位向监理机构申报《工程款支付申请表》中申报的工程款额。

（4）经审核承包单位应得款：指经专业监理工程师对承包单位向监理机构填报《工程款支付申请表》审核后核定的工程款额。包括合同内工程款、工程变更增减费用以及经批准的索赔费用等。

（5）本期应扣款：指施工合同约定本期应扣除的预付款、保留金及其他应扣除的工程款的总和。

（6）本期应付款：指经审核承包单位应得款额减本期应扣款额的余额。

（7）承包单位的工程付款申请表及附件：指承包单位向监理机构申报的《工程款支付申请表》及其附件。

（8）项目监理机构审查记录：指总监理工程师指定专业监理工程师，对承包单位向监理机构申报的《工程款支付申请表》及其附件的审查记录。

（9）总监理工程师指定专业监理工程师对工程款支付申请中包括合同内工作量、工程变更增减费用、经批准的费用索赔、应扣除的预付款、保留金以及施工合同约定的其他支付费用等项目逐项审核，并填写审查记录，提出审查意见报总监理工程师审核签认。

5. 费用索赔审批表

费用索赔审批表，见表 3-30。

费用索赔审批表　　　　　　　　　　　　　　　　　　表 3-30

工程名称：××工程　　　　　　　　　　　　　　　　　　　　编号：×××

致：××建筑工程公司（承包单位）

　　根据施工合同条款　×　条的规定，你方提出的因<u>工程设计变更</u>而造成的费用索赔申请（第×××号），索赔（大写）<u>贰拾万伍仟肆佰伍拾贰元整</u>，经我方审核评估：

　　□　不同意此项索赔。

　　☑　同意此项索赔，金额为（大写）<u>贰拾万伍仟肆佰伍拾贰元整。</u>

同意/不同意索赔的理由：

（1）费用索赔属于非承包方的原因。

（2）费用索赔的情况属实。

　

索赔金额的计算：

（1）同意四层②～⑤/Ⓔ～Ⓕ轴构造柱钢筋拆除重做的费用。

（2）同意工程设计变更增加的合同外的施工项目的费用。

（3）工程延期 3 天，增加管理费 1000 元。

项目监理机构<u>××监理公司××项目监理部</u>
总监理工程师×××
日期20××年×月×日

费用索赔审批表，填写说明如下：

（1）总监理工程师应在施工合同约定的期限之内签发《费用索赔报审表》，或发出要求承包单位提交有关费用索赔的进一步详细资料的通知。

（2）"根据施工合同条款＿＿＿＿条的规定"：填写提出费用索赔所依据的施工合同条目。

（3）"我方对你方提出的＿＿＿＿工程延期申请"：填写导致费用索赔的事件。

（4）审查意见：专业监理工程师应首先审查索赔事件发生后，承包单位是否在施工合同规定的期限内（28 天），向专业监理工程师递交过索赔意向通知，若超过此期限，则专业监理工程师与建设单位有权拒绝索赔要求；其次，审核承包单位的索赔条件是否成立；第三，应审核承包单位报送的《费用索赔申请表》，其中包括索赔的详细理由及经过，索赔金额的计算以及证明材料；若不满足索赔条件，则专业监理工程师应在"不同意此项索赔"前"□"内打"√"；若符合条件，则专业监理工程师就初定的索赔金额向总监理工程师报告，由总监理工程师分别同承包单位及建设单位进行协商，达成一致或监理工程师公正地自主决定后，在"同意此项索赔"前"□"内打"√"，并把确定金额写明，若承包人对监理工程师的决定不同意，则可依据合同中的仲裁条款提交仲裁机构仲裁。

（5）同意/不同意索赔的理由：同意索赔的理由应简要列明；对不同意索赔，或虽同意索赔但其中的不合理部分，如有以下情况应简要说明：

1）索赔事项不属于建设单位或监理工程师的责任，而是其他第三方的责任。

2）建设单位和承包单位共同负有责任，承包单位必须划分及证明双方责任大小。

3）施工合同依据不足。

4）事实依据不足。

5）承包单位未遵守意向通知要求。

6）施工合同中的开脱责任条款已经免除了建设单位的补偿责任。

7）承包单位已经放弃索赔要求。

8）承包单位没有采取适当措施避免或减少损失。

9）承包单位必须提供进一步证据。

10）损失计算夸大等。

（6）索赔金额的计算：指专业监理工程师对批准的费用索赔金额的计算过程及方法。

（7）索赔成立应同时满足以下三个条件的要求：

1）索赔事件是由于非承包单位的责任发生的。

2）索赔事件造成了承包单位直接经济损失。

3）承包人按合同规定的期限及程序提交了索赔意向通知书和《费用索赔申请表》，并附有索赔凭证材料。

（8）专业监理工程师在审查确定索赔批准额时，要审查以下三个方面：

1）索赔事件发生的合同责任。

2）由于索赔事件的发生，施工成本以及其他费用的变化与分析。

3）索赔事件发生后，承包单位是否采取了减少损失的相应措施。承包单位报送的索赔额中，是否包含了让索赔事件任意发展而造成的损失额。

专业监理工程师将审查结果向总监理工程师报告，由总监理工程师与承包单位及建设单位协商。

（9）项目监理机构在确定索赔批准额时，可采用实际费用法，索赔批准额等于承包单位为了某项索赔事件所支付的合理实际开支减去施工合同中的计划开支，然后再加上应得的管理费等。对承包单位提出的费用索赔应注意，索赔费用只能是承包单位实际发生的费用，并且必须符合工程所在地区的有关法规及规定。另外绝大部分的费用索赔是不包括利润的，只涉及直接费与管理费，只有遇到工程变更时，才能索赔到费用与利润。

3.3.4 工程施工合同资料常见表格

1. 工程暂停令

工程暂停令，见表3-31。

工程暂停令 表 3-31

工程名称：××工程　　　　　　　　　　　　　　　　　编号：×××

致：××建筑工程公司（承包单位）

　　由于基坑土钉墙护坡工程施工过程中有部分锚杆长度没有达到设计要求的原因，现通知你方于20××年8月15日起，暂停基坑土钉墙护坡工程北侧－2.500m部位（工序）施工，并按下述要求做好后续工作：

　　要求：

　　　　　　　　　　　　　　　　　　　　　　项目监理机构（盖章）
　　　　　　　　　　　　　　　　　　　　　　总监理工程师（签字、加盖执业印章）
　　　　　　　　　　　　　　　　　　　　　　　　　　20××年×月×日

注：本表一式三份。项目监理机构、建设单位、施工单位各一份。

填写说明：

（1）在施工过程中发生了需要停工处理事件，总监理工程师签发《工程暂停令》。

（2）工程暂停指令，总监理工程师应依据暂停工程的影响范围及影响程度，按照施工合同及委托监理合同的约定签发。

（3）如工程暂停原因是由承包单位的原因造成的，承包单位申请复工时，除了填报

《工程复工报审表》外，还应报送针对导致停工原因所进行的整改工作报告等有关材料。

（4）若工程暂停是由于非承包单位的原因造成的，即建设单位的原因或应由建设单位承担责任的风险或其他事件时，总监理工程师在签发《工程暂停令》之后，应尽快依据施工合同的规定处理因工程暂停引起的与工期、费用等有关问题。

（5）"由于……原因"：应简明扼要准确地填写工程暂停原因。暂停原因主要有：

1）建设单位要求暂停施工，且工程需要暂停施工。

2）为了确保工程质量而需要进行停工处理的：

①未经监理机构审查同意，擅自变更设计或修改施工方案进行施工的。

②擅自使用未经监理机构审查认可的分包单位进入现场施工的。

③有特殊要求的施工人员未通过专业监理工程师审查或经审查不合格进入现场施工的。

④使用未经专业监理工程师验收或验收不合格的材料、构配件、设备或擅自使用未经审查认可的代用材料的。

⑤隐蔽工程未经专业监理工程师验收确认合格而擅自隐蔽的。

⑥工序施工完成后，未经监理机构验收或验收不合格而擅自进行下一道工序施工的。

⑦施工中出现质量异常情况，经监理机构指出之后，承包单位未采取有效改正措施或措施不力、效果不好仍继续作业的。

⑧已发生质量事故迟迟不按照监理机构要求进行处理，或已发生隐患、质量事故，如不停工则质量隐患、质量事故将继续发展，或已发生质量事故，承包单位隐蔽不报，私自处理的。

3）施工过程中出现了安全隐患，总监理工程师认为有必要停工以消除隐患。

4）发生了必须暂时停止施工的紧急事件。

5）承包单位未经许可擅自施工，或拒绝项目管理机构管理。

（6）"_____部位（工序）"：指根据停工原因的影响范围及影响程度，填写本暂停指令所停工工程的范围。

（7）要求做好各项工作：指工程暂停后要求承包单位所做的相关工作，比如对停工工程的保护措施，针对工程质量问题的整改以及预防措施等。

（8）当引起工程暂停的原因不是非常紧急（如由于建设单位的资金问题、拆迁等），并且工程暂停会影响一方（尤其是承包单位）的利益时，总监理工程师应在签发暂停令之前，就工程暂停引起的工期及费用补偿等与承包单位、建设单位进行协商，若总监理工程师认为暂停施工是妥善解决的较好办法时，也应当签发工程暂停令。

（9）签发工程暂停令时，必须注明是全部停工还是局部停工，不得含混。

（10）建设单位要求停工的，且监理工程师经过独立判断，也认为有必要暂停施工时，可签发工程暂停指令，反之，经过总监理工程师的独立判断，若认为没有必要停工，则不应签发工程暂停令。

（11）当发生上述第（5）条第2）、4）、5）款的情况时，不论建设单位是否要求停工，总监理工程师均应按程序签发工程暂停令。

2. 工程变更单

工程变更单，见表3-32。

工程名称：××工程   编号：×××

致：××××监理公司（监理单位）	
由于为增加屋面的防水功能，保证屋面不渗漏的原因，兹提出在原 SBS 卷材防水层的基础上增加第二层卷材防水工程变更（内容见附件），请予以审批。 附件： □变更内容 □变更设计图 □相关会议纪要 □其他 工程洽商记录（编号：×××）。 　　　　　　　　　　　　　　　　　　　提出单位：×××建筑工程公司 　　　　　　　　　　　　　　　　　　　负责人：××× 　　　　　　　　　　　　　　　　　　　20××年×月×日	
工程量增/减	
费用增/减	
工期变化	

    施工项目监理部（盖章） 项目经理（签字）×××	 设计单位（盖章） 设计负责人（签字）×××
    项目监理机构（盖章） 总监理工程师（签字）×××	 建设单位（盖章） 负责人（签字）×××

填写说明：

（1）在施工过程中，建设单位、承包单位提出工程变更要求报项目监理机构进行审核确认。

（2）"由于＿＿＿＿＿原因"：填写引发工程变更的原因。

（3）"兹提出＿＿＿＿＿＿＿工程变更"：填写要求工程变更的部位和变更项目。

（4）附件：应包括工程变更的详细内容、变更的依据，工程变更对工程造价及工期的影响分析及影响程度，对工程项目功能、安全的影响分析，必要的附图等。

（5）提出单位：指提出工程变更的单位。

（6）一致意见：项目监理机构经与有关方面协商达成的一致意见。

（7）建设单位代表：指建设单位派驻施工现场履行合同的代表。

（8）设计单位代表：指设计单位派驻施工现场的设计代表或与工程变更内容有关专业的原设计人员或负责人。

（9）项目监理机构：指项目总监理工程师。

（10）承包单位代表：指项目经理。承包单位代表签字仅表示对有关工期、费用处理结果的签认和收到工程变更。

（11）我国施工合同范本规定的工程变更程序：

1）建设单位提前书面通知承包人有关工程变更，或承包单位提出变更申请经工程师和发包人同意变更。

2）由原设计单位出图并在实施前 14 天交承包单位。如超出原设计标准或设计规模时，应由发包人按原程序报审。

3）承包人应在收到工程变更后 14 天内提出变更价款，提交工程师确认。

4）工程师在收到变更价款报告后的 14 天内应审查完变更价款报告，并确认变更价款。

5）变更价款不能协商一致时，按合同争议的方式解决。

（12）工程变更的处理程序：

1）设计单位对原设计存在的缺陷提出的工程变更，应编制设计变更文件；建设单位或承包单位提出的工程变更，应提交总监理工程师，由总监理工程师组织专业监理工程师审查。审查同意后，应由建设单位转交原设计单位编制设计变更文件。当工程变更涉及安全、环保等内容时，应按规定经有关部门审定。

2）项目监理机构应了解实际情况和收集与工程变更有关的资料。

3）总监理工程师必须根据实际情况、设计变更文件和其他有关资料，按照施工合同的有关条款，在指定专业监理工程师完成下列工作后，对工程变更的费用和工期作出评估：

① 确定工程变更项目与原工程项目之间的类似程度和难易程度。

② 确定工程变更项目的工程量。

③ 确定工程变更的单价或总价。

4）总监理工程师应就工程变更费用及工期的评估情况与承包单位和建设单位进行协调。

5）总监理工程师签发《工程变更单》。《工程变更单》应包括工程变更要求、工程变更说明、工程变更费用和工期、必要的附件等内容，有设计变更文件的工程变更应附设变更文件。

6）项目监理机构应根据工程变更单监督承包单位实施。

（13）项目监理机构在处理工程变更中的权限：

1）所有工程变更必须经总监理工程师的签发，承包单位方可实施。

2）建设单位或承包单位提出工程变更时应经总监理工程师审查。

3）项目监理机构对工程变更的费用与工期做出评估只是作为与建设单位、承包单位进行协商的基础。没有建设单位的充分授权，监理机构无权确定工程变更的最终价格。

4）当建设单位与承包单位就工程变更的价格等未能达成一致时，监理机构有权确定暂定价格来指令承包单位继续施工和便于工程进度款的支付。

3. 监理工作联系单

监理工作联系单，见表 3-33。

监理工作联系单 表 3-33

工程名称：××工程　　　　　　　　　　　　　　　　　编号：×××

致：××××监理公司（单位）
事由： ±0.000～+6.500m。②～⑨/Ⓓ～Ⓚ轴现浇钢筋混凝土剪力墙、框架柱，C30 混凝土试配。
内容： C30 混凝土配合比申请单、通知单（编号：×××）已由×××试验室签发（附混凝土配合比申请、通知单）。请予以审查和批准使用。
<div style="text-align:right;">发文单位×××建筑工程公司 负责人××× 20××年×月×日</div>

填写说明：

（1）在施工过程中，与监理有关各方工作联系用表。即与监理有关的某一方需向另一方或几方告知某一事项，或督促某项工作，或提出某项建议等，对方执行情况不需要书面回复时均用此表。

（2）内容：指需联系事项的详细说明。要求内容完整、齐全，技术用语规范，文字简练明了。

（3）发文单位：指提出监理工作联系事项的单位。填写本工程现场管理机构名称全称并加盖公章。

（4）负责人：指提出监理工作联系事项单位在本工程的负责人。

（5）联系事项主要包括：

1）工地会议时间、地点安排。

2）建设单位向监理机构提供的设施、物品及监理机构在监理工作完成后向建设单位移交设施及剩余物品。

3）建设单位及承包单位依据本工程及本合同需要向监理机构提出保密要求的有关事项。

4）建设单位向监理机构提供与本工程合作的原材料、构配件、机械设备生产厂家名录以及与本工程有关的协作单位、配合单位的名录。

5）按照《建设单位委托监理合同》的规定监理单位需向委托人提交书面报告的事项。

6）监理单位调整监理人员；建设单位要求监理单位更换监理人员。

7）监理费用支付通知。

8）监理机构提出的合理化建议。

9）建设单位派驻及变更施工场地履行合同的代表姓名、职务、职权。

10）在需要实施旁站监理的关键工序或关键部位施工前 24 小时，施工单位应通知项目监理部。

11）紧急情况下无法与专业监理工程师联系时，项目经理采取了保证人员生命及财产安全的紧急措施，在采取措施后 48 小时内向专业监理工程师提交的报告。

12）对不能如期开工提出延期开工理由与要求的报告。

13）实施爆破作业、在放射毒害环境中施工及使用毒害性、腐蚀性物品施工，承包单位在施工前 14 天内向专业监理工程师提出的书面通知。

14）可调价合同发生实体调价的情况时，承包单位向专业监理工程师发出的调整原因、金额的意向通知。

15）索赔意向通知。

16）发生不可抗力事件，承包单位向专业监理工程师通报受害损失情况。

17）在施工过程中发现的文物、地下障碍物向专业监理工程师提出的书面汇报。

18）其他各方需要联系的事宜。

（6）重要的监理工作联系单应加盖单位公章。

3.4 园林工程施工资料表格编制

3.4.1 园林土方工程

1. 土方开挖工程监理员工作流程

土方开挖工程监理员工作流程，如图 3-1 所示。

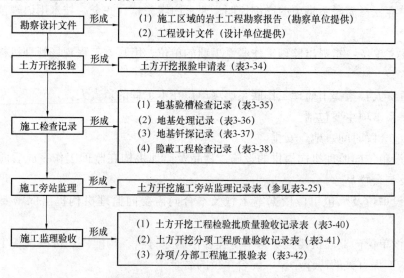

图 3-1 土方开挖工程监理员工作流程

2. 土方开挖工程监理员表格填写范例

（1）土方开挖报验申请表

土方开挖报验申请表，见表 3-34。

工程名称：××工程　　　　　　　　　　　　　　　　　　　　　编号：×××

致：××建设工程监理机构（监理单位） 我单位已完成了基础土方开挖工作，现报上该工程报验申请表，请予以审查和验收。 附件： 1. 基槽尺寸、标高复核记录 2. 土方开挖检验批质量验收记录 　　　　　　　　　　　　　　　　　　　　承包单位（章）：××建筑工程公司 　　　　　　　　　　　　　　　　　　　　　　　　项目经理：××× 　　　　　　　　　　　　　　　　　　　　　　　日期：20××年×月×日
审查意见： 质量符合设计图纸要求及施工验收规范要求，通过验收。 　　　　　　　　　　　　　　　　　　　项目监理机构：××工程监理部 　　　　　　　　　　　　　　　　　　　总监理工程师：××× 　　　　　　　　　　　　　　　　　　　　　日期：20××年×月×日

（2）地基验槽检查记录表

地基验槽检查记录表，见表 3-35。

　　　　　　　　　　　　　　　　　　　　　　　　　　　　　　编号：×××

工程名称	××工程	验槽日期	20××年×月×日
验槽部位	基槽①～⑩/Ⓐ～Ⓟ轴		

依据：施工图纸（施工图纸号结-2，结-3）、设计变更/洽商（编号××　　　　　）及有关规范、规程。

验槽内容：
1. 基槽开挖至勘探报告第×层，持力层为×层。
2. 基底绝对高程和相对标高××m　　－8.60m。
3. 土质情况2类黏土　基底为老土层，均匀密实。
4. 桩位置　/　、桩类型　/　、数量　/　，承载力满足设计要求。（附：□施工记录、□桩检测记录）

　　　　　　　　　　　　　　　　　　　　　　　　　　　　　　　　　　　　

　　　　　　　　　　　　　　　　　　　　　　　　　　　　　　　　　　　　

注：若建筑工程无桩基或人工支护，则相应在第4条填写处划"/"。

　　　　　　　　　　　　　　　　　　　　　　　　　　　　申报人×××

检查意见：
　槽底土均匀密实，与地质勘探报告（编号××）相符，基槽平面位置、几何尺寸、基槽底标高、定位符合设计要求。地下水情况：槽底地下水位上1.5m，无坑、穴洞。

检查结论：☑无异常，可进行下道工序　　□需要地基处理

签字 公章栏	建设单位	监理单位	设计单位	勘察单位	施工单位
	×××	×××	×××	×××	×××

（3）地基处理记录

地基处理记录表，见表 3-36。

地基处理记录   表 3-36

编号：×××

工程名称	××工程	日期	20××年×月×日

处理依据及方式：

处理依据：

(1)《建筑地基基础工程施工质量验收规范》GB 50202—2002。

(2)《建筑地基处理技术规范》(JGJ 79—2012)。

(3) 本工程《地基基础施工方案》。

(4) 设计变更/洽商（编号××）及钎探记录。

方式：填级配石厚 200mm

处理部位及深度（或用简图表示）：

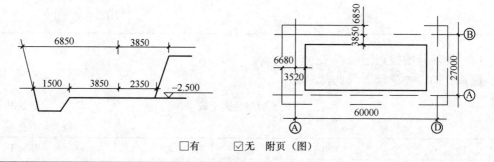

□有 ☑无 附页（图）

处理结果：

填级配石厚 200mm

(1) 先将基底松土及橡皮土清至老土层。

(2) 根据设计要求两侧钉好水平桩，标高控制在－2.2m 为回填级配石上平。

(3) 要求回填级配石的粒径不大于 10cm，且无草根、垃圾等有机物。

(4) 填好级配石后用平板振动器振捣遍数不少于三遍。

(5) 排水沟内填卵石，不含有砂子，标高至基底上表面。

(6) 级配石的运输方法：用钉好的溜槽投料，并严禁将配石由上直接投入槽中。

检查意见：

经复验，已按照洽商要求施工完毕，符合质量验收规范要求，可以进行下道工序施工。

（由勘察、设计单位签署复查意见）

检查日期：20××年×月×日

签字栏	监理单位	设计单位	勘察单位	施工单位	××建筑工程公司	
				专业技术负责人	专业质检员	专业工长
	×××	×××	×××	×××	×××	×××

118

（4）地基钎探记录

地基钎探记录，见表 3-37。

地基钎探记录 表 3-37

编号：×××

工程名称	×××工程		钎探日期		20××年×月×日		
套锤重	12kg	自由落距		60cm	钎径		φ35
顺序号	各步锤击数						备注
	0～30cm	30～60cm	60～90cm	90～120cm	120～140cm	150～180cm	180～210cm	
1	14	38	73	85	25	72	89	
2	15	15	78	57	29	35	43	
3	18	48	89	29	16	18	29	
4	14	40	47	99	35	36	65	
5	18	55	88	40	25	42	34	
6	18	81	143	58	45	39	17	
7	17	69	154	38	35	75	69	
8	15	56	58	32	26	82	68	
9	12	34	56	31	29	57	65	
10	24	75	106	88	20	36	18	
11	18	65	75	48	18	29	33	
施工单位		××建筑工程公司					
专业技术负责人		专业工长			记录人		
×××.		×××			×××		

（5）隐蔽工程检查记录

隐蔽工程检查记录，见表 3-38。

隐蔽工程检查记录 表 3-38

工程名称	××工程		
隐检项目	土方工程	隐检日期	××年×月×日
隐检部位	基础①～⑧/Ⓐ～Ⓚ轴线 －2.50m 标高		

隐检依据：施工图图号结施-2、结施-3、地质勘查报告（编号××），设计变更/洽商（编号／）及有关国家现行标准等。

主要材料名称及规格/型号：／_____

隐检内容：

(1) 基础基底标高为－2.50m，槽底土质为粉砂、细砂层，水位同地质勘查报告相符。

(2) 基槽土层已挖至－2.50m，基底清理到位，浮土、松土清除到持力层，无砖块、石头等杂物。

(3) 基底轮廓尺寸。

隐检内容已做完，请予以检查。

申报人：×××

检查意见：

经检查，现场情况与隐检内容情况相符，符合规范规定，满足设计要求，检查通过，同意进行下一道工序。

检查结论：☑同意隐蔽　　□不同意，修改后进行复查

复查结论：

复查合格

复查人：×××　复查日期：20××年×月×日

签字栏	建设（监理）单位	施工单位	××建设集团	
		专业技术负责人	专业质检员	专业工长
	×××	×××	×××	×××

（6）灰土地基施工旁站监理记录

灰土地基施工旁站监理记录，见表3-39。

灰土地基施工旁站监理记录 表3-39

编号：×××

工程名称	××大厦工程	日 期	××年×月×日
气候	最高气温33℃ 最低气温26℃ 风力：2～3级		
旁站监理的部位或工序；①～⑬/Ⓐ～Ⓖ轴灰土地基施工			
旁站监理开始时间：××年×月×日 10：00			
旁站监理结束时向：××年×月×日 15：20			
施工情况：			
监理情况：			
发现问题：			
处理意见：			
备注：			
承包单位名称：××建筑工程公司		监理单位名称：××监理公司	
质检员（签字）：××× ××年×月×日		旁站监理人员（签字）：××× ××年×月×日	

（7）土方开挖工程检验批质量验收记录表

土方开挖工程检验批质量验收记录表，见表3-40。

土方开挖工程检验批质量验收记录表 表3-40

工程名称	×ｘ工程	分部（子分部）工程名称		无支护土方	验收部位		基础①～⑥/Ⓑ～Ⓗ轴
施工单位	××ｘ建筑工程公司	专业工长		××ｘ	项目经理		×ｘ×
施工执行标准名称及编号				《建筑地基基础工程施工工艺标准》QB×××—2005			
分包单位	/	分包项目经理		/	施工班组长		×ｘ×

<table>
<tr><td colspan="8">施工质量验收规范的规定</td><td rowspan="4">施工单位检查评定记录</td><td rowspan="4">监理（建设）单位验收记录</td></tr>
<tr><td rowspan="3">项　目</td><td colspan="5">允许偏差或允许值/mm</td></tr>
<tr><td rowspan="2">柱基基坑基槽</td><td colspan="2">挖方场地平整</td><td rowspan="2">管沟</td><td rowspan="2">地（路）面基层</td></tr>
<tr><td>人工</td><td>机械</td></tr>
<tr><td rowspan="3">主控项目</td><td>1</td><td>标高</td><td>−50</td><td>±30</td><td>±50</td><td>−50</td><td>−50</td><td>√</td><td rowspan="3">经检查，标高、长度、宽度、边坡均符合规范要求</td></tr>
<tr><td>2</td><td>长度、宽度（由设计中心线向两边量）</td><td>+200
−50</td><td>+300
−100</td><td>+500
−150</td><td colspan="2">+100　　　/</td><td>√</td></tr>
<tr><td>3</td><td>边坡</td><td colspan="5">设计要求</td><td>1：06</td></tr>
<tr><td rowspan="2">一般项目</td><td>1</td><td>表面平整度</td><td>20</td><td>20</td><td>50</td><td>20</td><td>20</td><td>√</td><td rowspan="2">经检查，表面平整度、基底土性符合规范要求</td></tr>
<tr><td>2</td><td>基底土性</td><td colspan="5">设计要求</td><td>土性为××，同勘察报告相符</td></tr>
<tr><td rowspan="2">施工单位检查评定结果</td><td colspan="9">经检查，工程主控项目、一般项目均符合《建筑地基基础工程施工质量验收规范》GB 50202—2002的规定，评定其为合格。</td></tr>
<tr><td colspan="9">项目专业质量检查员：×××　　　　　　　　　　　　　　20××年×月×日</td></tr>
<tr><td rowspan="2">监理（建设）单位验收结论</td><td colspan="9">同意施工单位评定结论，验收合格。</td></tr>
<tr><td colspan="9">监理工程师：×××
（建设单位项目专业技术负责人）　　　　　　　　　　20××年×月×日</td></tr>
</table>

（8）土方开挖分项工程质量验收记录表

土方开挖分项工程质量验收记录表，见表3-41。

土方开挖分项工程质量验收记录表　　　　表 3-41

编号：×××

单位（子单位）工程名称		××工程	结构类型	框架剪力墙
分部（子分部）工程名称		无支护土方	检验批数	2
施工单位		××建筑工程公司	项目经理	×××
分包单位		/	分包项目经理	/
序号	检验批名称及部位、区段	施工单位检查评定结果	监理（建设）单位验收结论	
1	基础①～⑩/Ⓐ～Ⓖ轴	√	验收合格	
2	基础⑩～㉒/Ⓐ～Ⓖ轴	√		
说明：				
检查结论	基础①～㉒/Ⓐ～Ⓖ轴土方开挖施工质量符合《建筑地基基础工程施工质量验收规范》GB 50202—2002 的规定。 项目专业技术负责人：××× 　　　　　　　20××年×月×日		验收结论	同意施工单位检查结论，验收合格。 监理工程师：××× （建设单位项目专业技术负责人） 　　　　　　　20××年×月×日

注：地基基础、主体结构工程的分项工程质量验收不填写"分包单位"、"分包项目经理"。

（9）分项/分部工程施工报验表

分项/分部工程施工报验表，见表3-42。

分项/分部工程施工报验表　　　　　　　表3-42

编号：×××

工程名称	××工程	日期	20××年×月×日

现我方已完成 ＿／＿（层）①～㉒/Ⓐ～Ⓖ轴（轴线或房间）－2.00m（高程）基础（部位）的<u>土方开挖工程</u>，经我方检验符合设计、规范要求，请予以验收。

附件：　　名称　　　　　　　　　　　　　　页数　　　　　　　　　　　　编号

1.□质量控制资料汇总表　　　　　　　　　＿＿＿页　　　　　　　　＿＿＿＿＿

2.□隐蔽工程检查记录　　　　　　　　　　＿＿＿页　　　　　　　　＿＿＿＿＿

3.□预检记录　　　　　　　　　　　　　　＿＿＿页　　　　　　　　＿＿＿＿＿

4.☑施工记录　　　　　　　　　　　　　　＿1＿页　　　　　　　　＿×××＿

5.□施工试验记录　　　　　　　　　　　　＿＿＿页　　　　　　　　＿＿＿＿＿

6.□分部（子分部）工程质量验收记录　　　＿＿＿页　　　　　　　　＿＿＿＿＿

7.☑分项工程质量验收记录　　　　　　　　＿2＿页　　　　　　　　＿×××＿

8.□＿＿＿＿＿＿＿　　　　　　　　　　　＿＿＿页　　　　　　　　＿＿＿＿＿

9.□＿＿＿＿＿＿＿　　　　　　　　　　　＿＿＿页　　　　　　　　＿＿＿＿＿

10.□＿＿＿＿＿＿　　　　　　　　　　　＿＿＿页　　　　　　　　＿＿＿＿＿

质量检查员（签字）：×××

施工单位名称：××建筑工程公司　　　　　技术负责人（签字）：×××

审查意见：

1. 所报附件材料真实、齐全、有效。
2. 所报分项工程实体工程质量符合规范及设计要求。

审定结论：☑合格　　□不合格

监理单位名称：××建筑公司　　（总）监理工程师（签字）：×××　　审查日期：20××年×月×日

注：本表由施工单位填报，监理单位、施工单位各存一份。分项、分部工程不合格，应填写《不合格项处置记录》，分部工程应由总监理工程师签字。

124

3. 土方回填工程监理员工作流程

土方回填工程监理员工作流程，如图3-2所示。

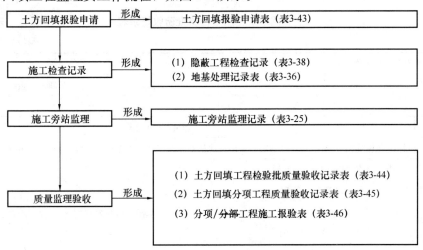

图3-2 土方回填工程监理员工作流程

4. 土方回填工程监理员表格填写范例

（1）土方回填报验申请表

土方回填报验申请表，见表3-43。

土方回填报验申请表   表 3-43

工程名称：××工程   编号：×××

致：××工程监理公司（监理单位）

我单位已完成了基础土方回填工作，现报上该工程报验申请表，请予以审查和验收。

附件：

1. 环刀取样试验合格报告
2. 土方回填检验批质量验收记录

承包单位（章）：××建筑工程公司

项目经理：×××

日 期：20××年×月×日

审查意见：

工程质量符合设计图纸要求及施工验收规范规定，通过验收。

项目监理机构：××工程监理部

总监理工程师：×××

日 期：20××年×月×日

（2）土方回填工程检验质量验收记录表

土方回填工程检验质量验收记录表，见表3-44。

土方回填工程质量检验批验收记录表　　表3-44

编号：×××

单位（子单位）工程名称						××工程									
分部（子分部）工程名称			无支护土方				验收部位			基础①～⑮/Ⓐ～Ⓕ轴					
施工单位			×××建筑工程公司				项目经理			×××					
分包单位			/				分包项目经理			/					
施工执行标准名称及编号			《建筑地基基础工程施工工艺标准》QB×××—2007												

施工质量验收规范的规定						施工单位检查评定记录									监理（建设）单位验收记录
项　目		允许偏差或允许值/mm													
		柱基基坑基槽	挖方场地平整		管沟	地（路）面基层									
			人工	机械											
主控项目	1　标高	−50	±30	±50	−50	−50	−10	−20	−10	−15	−25	−30	−15	−20	−15	设计及规范规定
	2　分层压实系数	设计要求					符合设计要求，分层压实系数最小为0.94，最大为0.97									
一般项目	1　回填土料	设计要求					回填土为3：7灰土，满足设计要求									设计及规范规定
	2　分层厚度及含水量	设计要求					分层厚度及含水率符合要求									
	3　表面平整度	20	20	50	20	20	9	8	9	12	15	11	8	10	15	18

施工单位检查评定结果	主控项目全部合格，一般项目满足《建筑地基基础工程施工质量验收规范》GB 50202—2002 的规定，评定其合格。 项目专业质量检查员：×××　　　　　　　　　　　　　　　20××年×月×日
监理（建设）单位验收结论	同意施工单位评定结果，验收合格。 监理工程师：××× （建设单位项目专业技术负责人）　　　　　　　　　　　20××年×月×日

（3）土方回填分项工程质量验收记录表

土方回填分项工程质量验收记录表，见表3-45。

土方回填分项工程质量验收记录表 表 3-45

单位（子单位）工程名称	××工程		结构类型	框剪结构
分部（子分部）工程名称	无支护土方		检验批数	2
施工单位	××建筑工程公司		项目经理	×××
分包单位	/		分包项目经理	/

序号	检验批名称及部位、区段	施工单位检查评定结果	监理（建设）单位验收结论
1	基础①～⑧/Ⓐ～Ⓔ轴	√	
2	基础⑧～⑯/Ⓐ～Ⓔ轴	√	
			验收合格

说明：

检查结论	土方回填施工质量符合《建筑地基基础工程施工质量验收规范》GB 50202—2002 的规定，土方回填分项工程合格。 项目专业技术负责人：××× 20××年×月×日	验收结论	同意施工单位检查结论，验收合格。 监理工程师：××× （建设单位项目专业技术负责人） 20××年×月×日

注：地基基础、主体结构工程的分项工程质量验收不填写"分包单位"、"分包项目经理"。

（4）分项/分部工程施工报验表

分项/分部工程施工报验表，见表3-46。

分项/分部工程施工报验表 表 3-46

编号：×××

工程名称	××工程	日期	20××年×月×日

现我方已完成 ／ （层）①～⑯/Ⓐ～Ⓔ轴（轴线或房间）－1.500m（高程）基础（部位）的土方开挖工程，经我方检验符合设计、规范要求，请予以验收。

附件： 名称	页数	编号
1.□质量控制资料汇总表	＿＿页	＿＿＿＿＿＿
2.□隐蔽工程检查记录	＿＿页	＿＿＿＿＿＿
3.□预检记录	＿＿页	＿＿＿＿＿＿
4.☑施工记录	1 页	×××
5.□施工试验记录	＿＿页	＿＿＿＿＿＿
6.□分部（子分部）工程质量验收记录	＿＿页	＿＿＿＿＿＿
7.☑分项工程质量验收记录	2 页	×××
8.□＿＿＿＿	＿＿页	＿＿＿＿＿＿
9.□＿＿＿＿	＿＿页	＿＿＿＿＿＿
10.□＿＿＿	＿＿页	＿＿＿＿＿＿

质量检查员（签字）：×××

施工单位名称：××建筑工程公司　　　　技术负责人（签字）：×××

审查意见：

1. 所报附件材料真实、齐全、有效。

2. 所报分项工程实体工程质量符合规范及设计要求。

审定结论：　☑合格　　□不合格

监理单位名称：××建筑公司　　（总）监理工程师（签字）：×××　　审查日期：20××年×月×日

注：本表由施工单位填报，监理单位、施工单位各存一份。分项、分部工程不合格，应填写《不合格项处置记录》，分部工程应由总监理工程师签字。

128

3.4.2 园林供电工程

1. 电缆敷设检查记录

《电缆敷设检查记录》见表 3-47。对电缆的敷设方式、编号、起/止位置、规格、型号进行检查，并按《电气装置安装工程电缆线路施工及验收规范》GB 50168—2006 要求，对安装工艺质量进行检查，并填写《电缆敷设检查记录》。

电缆敷设检查记录 表 3-47

编号：×××

工程名称	×××工程					
部位工程						
施工单位	×××电气设备安装公司					
检查日期	××年×月×日		天气情况	晴	气温	21℃
敷设方式	直埋式					
电缆编号	起点		终点	规格型号		用　途
1P2—4	总配电室		污水处理厂总开关柜	IRYJV4×70+1×35		照明供电

序号	检查项目及要求		检查结果
1	电缆规格符合设计规定，排列整齐，无机械损伤；标志牌齐全、正确、清晰。		符合要求
2	电缆金属保护层、铠装、金属屏蔽层接地良好。		符合要求
3	电缆终端、电缆接头、安装牢固，相色正确。		符合要求
4	直埋电缆路径标志应与实际路径相符，标志应清晰牢固、间距适当。		符合要求
5	电缆沟内无杂物，盖板齐全，隧道内无杂物，照明、通风排水等符合设计要求。		符合要求
6	电缆的固定、弯曲半径、有关距离和单芯电力电缆的相序排列符合要求。		符合要求
7	电缆桥架接地符合标准要求。		符合要求

监理（建设）单位	施工单位		
	技术负责人	施工员	质检员
×××	×××	×××	×××

2. 电气照明装置安装检查记录

《电气照明装置安装检查记录》见表 3-48。按《建筑电气工程施工质量验收规范》GB 50303－2002 要求对电气照明装置的配电箱（盘）、配线、各种灯具、开关、插座、风扇等安装工艺及质量进行检查，并填写《电气照明装置安装检查记录》。

电气照明装置安装检查记录

表 3-48

编号：×××

工程名称	×× 工程	
部位工程	厂房照明	
施工单位	××市机电设备安装公司	检查日期	××年×月×日

序号	检查项目及要求	检查结果
1	照明配电箱（盘）安装	符合要求
2	开关、插座、风扇安装	符合要求
3	专用灯具安装	符合要求
4	普通灯具安装	符合要求
5	建筑物景观照明灯，航空障碍标志灯和庭院灯安装	符合要求
6	电线、电缆导管和线槽敷设	符合要求
7	电线、电缆导管穿线和线槽敷线	符合要求
8		
9		
10		

监理（建设）单位	施工单位		
	技术负责人	施工员	质检员
×××	×××	×××	×××

本表由施工单位填写，建设单位、施工单位各保存一份。

3. 电线（缆）钢导管安装检查记录

《电线（缆）钢导管安装检查记录》见表 3-49。对电线（缆）钢导管的起、止点位置及高程、管径、长度、弯曲半径、连接方式、防腐以及排列情况进行检查并填写《电线（缆）钢导管安装检查记录》。

电线（缆）钢导管安装检查记录

表 3-49

编号：×××

工程名称	×× 工程		部位工程							
施工单位	××市电力安装工程公司			检查日期			××年×月×日			
序号	起点位置及管口高程	止点位置及管口高程	公称直径 (mm)	弯曲半径 (mm)	长度 (mm)	连接方式	跨接方式	防腐情况	排列情况	两端接地情况
01	－0.8	1.4	100	100	10000	套管焊接		内防锈漆外防腐沥青	3排	已接地

监理（建设）单位	施工单位		
	技术负责人	施工员	质检员
×××	×××	×××	×××

本表由施工单位填写，建设单位、施工单位各保存一份。

4. 成套开关柜（盘）安装检查记录

《成套开关柜（盘）安装检查记录》见表 3-50。检查成套开关柜（盘）型钢外廓尺寸、基础型钢的不直度、水平度、位置、不平行度及开关柜的垂直度、水平偏差、柜面偏差、柜间接缝，要求成套开关柜（盘）安装偏差满足规范要求并填写《成套开关柜（盘）安装检查记录》。

成套开关柜（盘）安装检查记录   表 3-50

编号：×××

工程名称			××工程			
部位工程			配电室开关柜	检查日期		××年×月×日
施工单位			××机电设备安装公司			
开关柜（盘）名称			照明开关柜	型号	1ALB1—1	数量	1台
生产厂			××电气成套设备公司	出厂日期		××年×月×日
项目		检查项目			允许偏差（mm）	最大偏差（mm）
基础型钢安装	基础位置	中心线		纵		2
				横		
			高程			
	不直度				<1mm/m，且<5	2
	水平度				<1mm/m，且<5	3
	位置及不平行度				<5	3
	型钢外廓尺寸（长×宽）					
	接地连接方式					
开关柜安装			垂直度		<1.5mm/m	1.0
	水平偏差		相邻两柜顶部		<2	1
			成列柜顶部		<5	2
	柜面偏差		相邻两柜		<1	0
			成列柜面		<5	3
	柜间接缝				<2	2
	与基础型钢接地连接方式					
检查结果： 合格						
监理（建设）单位		施工单位				
		技术负责人		施工员		质检员
×××		×××		×××		×××

本表由施工单位填写，建设单位、施工单位各保存一份。

5. 盘、柜安装及二次接线检查记录

《盘、柜安装及二次接线检查记录》见表 3-51。检查盘，柜及二次接线安装工艺及质量。其检查内容包括：盘、柜及基础型钢安装偏差；盘、柜固定及接地状况；盘、柜内电器元件、电气接线、柜内一次设备安装等及电气试验结果是否满足规范要求并填写《盘、柜安装及二次接线检查记录》。

盘、柜安装及二次接线检查记录 表 3-51

编号：×××

工程名称	××工程				
部位工程	机房控制柜		安装地点	配电室机房	
施工单位	××机电设备安装公司				
盘、柜名称	动力控制柜		出厂编号	1APF1-K	
序列编号	APF₁-3-1A		额定电压	380V	安装数量	1台
生产厂	××电气成套设备公司		检查日期	××年×月×日	
序号	检查项目				检查结果
1	盘、柜安装位置正确，符合设计要求，偏差符合国家现行规范要求				符合要求
2	基础型钢安装偏差符合设计及规范要求				符合要求
3	柜内一次设备安装质量符合国家现行有关标准规范的规定				符合要求
4	盘、柜内所装电器元件应符合设计要求，安装位置正确，固定牢固				符合要求
5	按国家现行规范进行的所有电气试验全部合格				符合要求
6	手车或抽屉式开关柜在推入或拉出时应灵活，机械闭锁可靠				符合要求
7	二次回路接线应正确，连接可靠，回路编号标志齐全清晰，绝缘符合要求				符合要求
8	操作及联动试验正确符合设计要求				符合要求
9	盘、柜的固定及接地应可靠，漆层应完好，清洁整齐				符合要求
10					
11					
12					
13					
监理（建设）单位		施工单位			
		技术负责人	施工员		质检员
×××		×××	×××		×××

本表由施工单位填写，建设单位、施工单位各保存一份。

132

6. 避雷装置安装检查记录

《避雷装置安装检查记录》见表3-52。检查避雷装置安装质量，对避雷针、避雷网（带）、引下线的材质、长度、规格，结构形式、外观、焊接及防腐情况，引下线断点高度，接地极组数及接地电阻测量数值、防腐处理情况进行检查并填写《避雷装置安装检查记录》。

避雷装置安装检查记录 表3-52

编号：×××

工程名称			×× 工程		
部位工程			安装地点		
施工单位			×× 电气安装公司		
施工图号		电施-8A	检查日期	×× 年 × 月 × 日	

1. ☑ 避雷针　　☑屮屮 避雷网（带）

序号	材质规格（mm）	长度（m）	结构形式	外观检查	焊接质量	焊接处防腐处理
1	40×4			合格		
2						
3	镀锌元钢	φ14	框架剪力墙	合格	合格	已防腐

2. 引下线

序号	材质规格	条数	断接点高度	连接方式	防腐	接地极组号	接地电阻
1	φ25柱筋	4	1.2m	焊接	✓		0.4Ω
2							
3							
4							
5							
6							

检查结论	

监理（建设）单位	施工单位		
	技术负责人	施工员	质检员
×××	×××	×××	×××

本表由施工单位填写，建设单位、施工单位各保存一份。

7. 电机安装检查记录

《电机安装检查记录》见表 3-53。对电机安装位置；接线、绝缘、接地情况；转子转动灵活性；轴承框动情况；电刷与滑环（换向器）的接触情况；电机的保护、控制、测量、信号等回路工作状态进行检验并填写《电机安装检查记录》。

电机安装检查记录　　　　　　　　　　　　　　　　　　表 3-53

编号：×××

工程名称	××工程		
部位工程		安装地点	配电室
施工单位	××设备安装公司		
设备名称	三相四线电动机	设备位号	
电机型号	10FJ2A	额定数据	380V/25A
生产厂	××电动机厂	产品编号	01312758
检查日期	××年×月×日		

序号	检查项目及规范要求	检查结果
1	安装位置符合设计及规范要求	符合要求
2	盘动转子时转动灵活，无卡阻现象，轴承无异响	符合要求
3	电机外壳及油漆完整，接地良好	符合要求
4	轴承上下无框动，前后无窜动	符合要求
5	电刷与换向器或集电环的接触良好	符合要求
6	电气试验按现行国家标准试验合格	符合要求
7	电机的保护、控制、信号、励磁等回路的调试完毕，运行正常	符合要求
8	测定电机定子绕组、转子绕组及励磁绕组绝缘电阻符合要求	符合要求
9	电机引出线牢固，绝缘层良好，接线紧密可靠，引出线不受外力	符合要求
10		
11		
12		
13		

监理（建设）单位	施工单位		
	技术负责人	施工员	质检员
×××	×××	×××	×××

本表由施工单位填写，建设单位、施工单位各保存一份。

8. 电缆头（中间接头）制作记录

《电缆头（中间接头）制作记录》见表3-54。对电缆头型号、保护壳型式、绝缘带规格、接地线规格、芯线连接方法、相序校对、绝缘填料电阻测试值、电缆编号、规格型号等进行检查并填写《电缆头（中间接头）制作记录》。

电缆头（中间接头）制作记录 表3-54

编号：×××

工程名称	××工程		
部位工程			
施工单位	××市电力设备安装公司		
电缆敷设方式	穿管敷设	记录日期	××年×月×日

序号	电缆编号 施工记录	1AP—4		
1	电缆起止点	总配电室—车间动力柜		
2	制作日期	2011.09.12		
3	天气情况	晴		
4	电缆型号	YJV22		
5	电缆截面	4×185+1×120		
6	电缆额定电压（V）	1kV/750V		
7	电缆头型号			
8	保护壳型式			
9	接地线规格	25mm²		
10	绝缘带型号规格			
11	绝缘填料	型号规格			
		绝缘情况	制作前		
			制作后		
12	芯线连接方法	压接		
13	相序校对	正常		
14	工艺标准			
15	备用长度	6m		

监理（建设）单位	施工单位		
	技术负责人	施工员	质检员
×××	×××	×××	×××

本表由施工单位填写，建设单位、施工单位各保存一份。

3.4.3 园林给水排水工程

1. 灌（满）水试验记录

（1）非承压管道系统与设备，包括开式水箱、卫生洁具、安装在室内的雨水管道等，在系统与设备安装完毕之后，在暗装、埋地、有绝热层的室内外排水管道进行隐蔽前，应进行灌（满）水试验，并做记录。

《灌（满）水试验记录》见表 3-55。

灌（满）水试验记录

表 3-55

编号：×××

工程名称	×××工程	试验日期	××年×月×日
试验项目	排水管道灌水	试验部位	一层
材质	铸铁管	规格	DN150

试验要求：

排水管道在隐蔽前必须做灌水试验，其灌水高度应不低于底层卫生器具的上边缘或底层地面高度。

检验方法：满水 15min 水面下降后，再灌满观察 5min，液面不降，管道及接口无渗漏为合格。

试验记录：

对试验管段敞口用盲板封闭，从上层地面地漏处灌水，满水 20min 液面不下降，经检查管道及接口无渗漏。

试验结论：

试验结果符合设计要求及《建筑给水排水及采暖工程施工质量验收规范》GB 50242—2002 规定，同意进行下道工序。

签字栏	建设（监理）单位	施工单位	×××建筑工程公司	
		专业技术负责人	专业质检员	专业工长
	×××监理公司	×××	×××	×××

（2）相关规定与要求：

1）敞口箱、罐安装前应做满水试验；密闭箱、罐应以 1.5 倍的工作压力做水压试验，但不得小于 0.4MPa。检验方法：满水试验满水后静置 24h 内不渗不漏；水压试验在试验压力下 10min 内无压降，不渗不漏。

2）在隐蔽或埋地的排水管道隐蔽之前必须做灌水试验，其灌水高度应不低于底层卫生器具的上边缘或底层地面高度。检验方法：满水 15min 水面下降后，再灌满观察 5min，液面不降，管道及接口无渗漏则为合格。

3）在安装在室内的雨水管道安装之后应做灌水试验，而灌水高度必须到每根立管上部的雨水斗。检验方法：灌水试验持续 1h，不渗不漏则为合格。

4）室外排水管网安装管道埋设前必须做灌水试验及通水试验，排水应畅通，无堵塞，管接口无渗漏。检验方法：按排水检查井分段试验，试验水头应以试验段上游管顶加 1m，时间不少于 30min，逐段进行观察。

136

（3）注意事项：

1）以设计要求及规范规定为依据，适用条目要准确。

2）按照试运转调试的实际情况填写实测数据，要准确，内容齐全，且不得漏项。

3）若工程采用施工总承包管理模式，则签字人员应为施工总承包单位的相关人员。

（4）本表由施工单位填写并保存。

2. 强度严密性试验记录

（1）室内外输送各种介质的承压管道、设备在安装完毕后，进行隐蔽之前，应进行强度严密性试验，并要做记录。

《强度严密性试验记录》见表 3-56。

强度严密性试验记录　　　　　　　　　　　表 3-56

编号：×××

工程名称	×××工程	试验日期	××年×月×日
试验项目	给水系统试压	试验部位	
材质	镀锌衬塑钢管	规格	DN70～DN80

试验要求：
室内给水管道的水压试验必须符合设计要求。当设计未注明时，各种材质的给水管道系统试验压力均为工作压力的 1.5 倍，但不得小于 0.6MPa。检验方法：金属及复合管给水管道系统在试验压力下观测 10min，压力降不应大于 0.02MPa，然后降到工作压力进行检查，应不渗不漏。

试验记录：
给水系统工作压力为 0.8MPa. 试验压力为 1.2MPa，在试验压力下观测 10min，压力降至 1.19MPa（压力降 0.01MPa），然后降到工作压力进行检查，管道及接口无渗漏。

试验结论：
试验结果符合设计要求及《建筑给水排水及采暖工程施工质量验收规范》GB 50242—2002 规定，同意进行下道工序。

签字栏	建设（监理）单位	施工单位	×××公司	
		专业技术负责人	专业质检员	专业工长
	×××监理公司	×××	×××	×××

（2）相关规定与要求：

1）室内给水管道的水压试验必须满足设计要求。若设计未注明，各种材质的给水管道系统试验压力均为工作压力的 1.5 倍，但不得小于 0.6MPa。其检验方法：金属及复合管给水管道系统在试验压力下观测 10min，压力降不应大于 0.02MPa，然后降到工作压力进行检查，不渗不漏者为合格；塑料管给水系统应在试验压力下稳压 1h，压力降不得超过 0.05MPa，然后在工作压力的 1.15 倍状态下稳压 2h，压力降不得超过 0.03MPa，同时检查各连接处不得有渗漏现象。

2）在热水供应系统安装完毕之后，管道保温之前应进行水压试验。试验压力应满足设计要求。若设计未注明，则热水供应系统水压试验压力应为系统顶点的工作压力加 0.1MPa，同时在系统顶点的试验压力不小于 0.3MPa。检验方法：钢管或复合管道系统试验压力下 10min 内压力降不大于 0.02MPa，然后降至工作压力检查，压力应不降，且无渗漏现象；塑料管道系统在试验压力下稳压 1h，压力降不得超过 0.05MPa，然后在工作压力 1.15 倍状态下稳压 2h，压力降不得超过 0.03MPa，连接处不得有渗漏现象。

3）热交换器应以 1.5 倍的工作压力做水压试验。蒸汽部分应不低于蒸汽供汽压力加 0.3MPa；热水部分应不低于 0.4MPa。检验方法：试验压力下 10min 内压力不降，且不渗不漏。

4）低温热水地板辐射采暖系统安装，盘管在隐蔽前必须进行水压试验，试验压力为工作压力的 1.5 倍，但不小于 0.6MPa。检验方法：稳压 1h 内压力降不大于 0.05MPa 且无渗漏现象。

5）采暖系统安装完毕，管道保温之前应进行水压试验。试验压力应满足设计要求。若设计未注明，则应符合下列规定：

① 蒸汽、热水采暖系统，应以系统顶点的工作压力加 0.1MPa 做水压试验，同时在系统顶点的试验压力不小于 0.3MPa。

② 高温热水采暖系统，应以系统顶点的工作压力加 0.4MPa 为试验压力。

③ 使用塑料管及复合管的热水采暖系统，应以系统顶点的工作压力加 0.2MPa 做水压试验，同时在系统顶点的试验压力不小于 0.4MPa。检验方法：使用钢管及复合管的采暖系统应在试验压力之下 10min 内压力降不大于 0.02MPa，降至工作压力后检查，无渗漏现象；使用塑料管的采暖系统应在试验压力之下 1h 内压力降不大于 0.05MPa，然后降压至工作压力的 1.15 倍，稳压 2h，压力降不大于 0.03MPa，同时各连接处无渗无漏。

6）室外给水管网必须要进行水压试验，以工作压力的 1.5 倍为试验压力，但不得小于 0.6MPa。检验方法：管材为钢管、铸铁管时，试验压力下 10min 内压力降不应大于 0.05MPa，然后降至工作压力进行检查，压力应保持不变，且不渗不漏；管材为塑料管时，试验压力下，稳压 1h 压力降不大于 0.05MPa，然后降至工作压力进行检查，压力应保持不变，并且不渗不漏。

7）消防水泵接合器及室外消火栓安装系统必须做水压试验，其试验压力为工作压力的 1.5 倍，但不得小于 0.6MPa。检验方法：试验压力之下 10min 内压力降不大于 0.05MPa，然后降至工作压力进行检查，压力保持不变，且无渗无漏。

8）锅炉的汽、水系统在安装完毕之后，必须进行水压试验。水压试验的压力应满足规范规定。检验方法：在试验压力之下 10min 内压力降不超过 0.02MPa；然后降至工作压力进行检查，压力不降，且不渗不漏；观察检查，不得有残余变形现象，且受压元件金属壁和焊缝上不得有水珠及水雾。

9）锅炉分汽缸（分水器、集水器在）安装前应进行水压试验，其试验压力为工作压力的 1.5 倍，但不得小于 0.6MPa。检验方法：试验压力下 10min 内无压降、无渗漏现象。

10）锅炉地下直埋油罐在埋地前应进行气密性试验，试验压力降不应小于 0.03MPa。检验方法：试验压力下观察 30min，无压降、无渗漏现象。

11）连接锅炉及辅助设备的工艺管道在安装完毕之后，必须进行系统的水压试验，并以系统中最大工作压力的 1.5 倍为试验压力。检验方法：在试验压力 10min 内压力降不超过 0.05MPa，然后降至工作压力进行检查，无渗漏现象。

12）自动喷水系统，若系统设计工作压力等于或小于 1.0MPa，则水压强度的试验压力应为设计工作压力的 1.5 倍，并不应低于 1.4MPa；若系统设计工作压力大于 1.0MPa，则水压强度试验压力应为该工作压力加 0.4MPa。应将系统管网的最低点为水压强度试验的测试点。对管网注水时，应将管网内的空气排净，并应缓慢升压，达到试验压力后，稳压 30min，目测管网应无渗漏及变形现象，且压力降不应大于 0.05MPa。

13）自动喷水系统水压严密度试验应在水压强度试验以及管网冲洗合格后进行。试验压力应为设计工作压力，稳压 24h，应无渗漏现象。

14）自动喷水系统气压严密性试验的试验压力应为 0.28MPa，且稳压 24h 之内，压力降不应大于 0.01MPa。

（3）注意事项：

1）以设计要求以及规范规定为依据，适用条目要准确。

2）单项试验和系统性试验，强度和严密度试验有不同要求，试验和验收时要特别留意；系统性试验、严密度试验的前提条件应充分满足，比如自动喷水系统水压严密度试验应在水压强度试验及管网冲洗合格之后才能进行；而常见做法是先按照区段验收或隐检项目验收要求完成单项试验，系统形成后再进行系统性试验，再按照系统特殊要求进行严密度试验。

3）根据试验的实际情况填写实测数据，要准确，内容齐全，不得漏项。

4）工程采用施工总承包管理模式的，签字人员应为施工总承包单位的相关人员。

（4）本表由施工单位填写，建设单位、施工单位、城建档案馆各保存一份。

3. 通水试验记录

（1）室内外给水（冷、热）、中水卫生洁具、地漏及地面清扫口及室内外排水系统应分系统（区、段）进行通水试验，并做记录。

《通水试验记录》见表 3-57。

通水试验记录

表 3-57

编号：×××

工程名称	××工程		试验日期	××年×月×日
试验项目	卫生器具满水、通水试验		试验部位	一层
通水压力（MPa）	0.18		通水流量（m³/h）	4.6
试验系统简述： 卫生器具交工前应做满水和通水试验。试验项目为一层所有卫生器具。				
试验记录： 供水方式：正式水源。 通水情况： 卫生器具逐个做满水试验，充水量超过器具溢水口，溢流畅通，满水后各连接件不渗不漏；通水试验各器具给水排水畅通。				
试验结论： 试验结果符合设计要求及《建筑给水排水及采暖工程施工质量验收规范》GB 50242—2002 规定，同意进行下一道工序施工。				
签字栏	建设（监理）单位	施工单位	×××公司	
		专业技术负责人	专业质检员	专业工长
	×××监理公司	×××	×××	×××

（2）相关规定与要求：

1）给水系统在交付使用之前必须进行通水试验并做好记录。检验方法：观察及开启阀门、水嘴等放水。

2）卫生器具交工前应做满水和通水试验。其检验方法：满水后各连接件无渗漏现象；通水试验给、排水畅通。

（3）注意事项：

1）以设计要求及规范规定为依据，适用条目要准确。

2）根据试验的实际情况填写实测数据，要准确，且内容齐全，不得漏项。

3）通水试验为系统试验，一般在系统完成后统一进行。

4）工程采用施工总承包管理模式的，签字人员应为施工总承包单位的相关人员。

5）表格中通水流量（m^3/h）按照卫生器具供水管径核算获得。

（4）本表由施工单位填写并保存。

4. 吹（冲）洗（脱脂）试验记录

（1）室内外给水（冷、热）、中水及采暖、空调、消防管道及设计有要求的管道应在使用前做冲洗试验；介质为气体的管道系统应按有关设计要求及规范规定做吹洗试验。若设计有要求时还应进行脱脂处理。

《吹（冲）洗（脱脂）试验记录》见表 3-58。

吹（冲）洗（脱脂）试验记录 表 3-58

编号：×××

工程名称	×××工程	试验日期	××年×月×日
试验项目	采暖系统冲洗	试验部位	采暖系统
试验介质	水	试验方式	通水冲洗

试验记录：

采暖系统试压合格后，应对系统进行冲洗并清扫过滤器及除污器。从早上 9 时开始进行冲洗，以供水管口为冲洗起点，压力值为 1.0MPa，采暖回水管为泄水点进行冲洗，至下午 6 时，排出水不含泥沙、铁屑等杂质，且水色不浑浊，停止冲洗，并清扫过滤器及除污器。

试验结论：

试验结果符合设计要求及《建筑给水排水及采暖工程施工质量验收规范》GB 50242—2002 规定，同意进行下一道工序施工。

签字栏	建设（监理）单位	施工单位	×××公司	
		专业技术负责人	专业质检员	专业工长
	×××监理公司	×××	×××	×××

（2）相关规定与要求：

1）生活给水系统管道在交付使用之前必须进行冲洗和消毒，并经有关部门取样检验，当符合国家《生活饮用水标准》之后方可使用。检验方法：检查有关部门提供的检测

140

报告。

2）热水供应系统在竣工之后必须进行冲洗。检验方法：现场观察检查。

3）采暖系统试压合格后，应对系统进行冲洗并清扫过滤器及除污器。检验方法：现场观察，直至排出水中不含泥沙、铁屑等杂质，且水色不浑浊为合格。

4）消防水泵接合器及室外消火栓安装系统消防管道在竣工之前，必须对进行冲洗。检验方法：观察冲洗出水的浊度。

5）供热管道试压合格后，应进行冲洗。检验方法：现场观察，以水色不浑浊为合格。

6）自动喷水系统管网冲洗的水流流速、流量不应小于系统设计的水流流速、流量；宜分区、分段进行管网冲洗；水平管网冲洗时其排水管位置应比配水支管低。管网冲洗应连续进行，当出水口处水的颜色、透明度基本与入水口处水的颜色、透明度一致时为合格。

（3）注意事项：

1）以设计要求及规范规定为依据，适用条目要准确。

2）按照试验的实际情况填写实测数据，要准确，且内容齐全，不得漏项。

3）吹（冲）洗（脱脂）试验为系统试验，一般在系统完成后统一进行。

4）若工程采用施工总承包管理模式的，则签字人员应为施工总承包单位的相关人员。

（4）本表由施工单位填写并保存。

5. 通球试验记录

（1）室内排水水平干管、主立管应按有关规定进行通球试验，并做记录。

《通球试验记录》见表3-59。

通球试验记录　　　　　　　　　　　　　　　表3-59

编号：×××

工程名称	×××工程	试验日期	××年×月×日
试验项目	排水主立管、水平干管通球试验	试验部位	主立管及水平干管
管径（mm）	DN150	球径（mm）	DN100

试验要求：
排水主管及水平干管管道均应做通球试验，通球球径不小于排水管道管径的2/3，通球率必须达到100%。

试验记录：
试验采用硬质空心塑料球，试验时分别在地上18层（顶层）主立管顶部投球，通水后在地下一层水平干管向室外第一个排水结合井处截取试验球，试验管道通畅无阻。

试验结论：
试验结果符合设计要求及《建筑给水排水及采暖工程施工质量验收规范》GB 50242—2002规定，同意进行下一道工序施工。

签字栏	建设（监理）单位	施工单位	×××公司	
		专业技术负责人	专业质检员	专业工长
	×××监理公司	×××	×××	×××

（2）相关规定与要求：

排水主立管及水平干管管道均应做通球试验，且通球球径不小于排水管道管径的 2/3，通球率必须达到 100%。检查方法：通球检查。

（3）注意事项：

1）以设计要求及规范规定为依据，适用条目要准确。

2）按照试验的实际情况填写实测数据，要准确且内容齐全，不得漏项。

3）通水试验为系统试验，一般在系统完成、通水试验合格之后进行。

4）若工程采用施工总承包管理模式，则签字人员应为施工总承包单位的相关人员。

5）通球试验用球宜为硬质空心塑料球，投入时做好标记，以便与排出的试验球核对。

（4）本表由施工单位填写，建设单位、施工单位各保存一份。

4 园林工程监理验收和资料归档管理

4.1 监理验收

4.1.1 园林工程竣工验收的概念和流程

工程竣工验收是建设单位对施工单位承包的工程进行的最后施工验收，它是园林工程施工的最后环节，同时也是施工管理的最后阶段。园林工程竣工验收是项目移交的必需手续，更是对施工项目施工质量的全面检查及考核评估。所以及时按照要求做好这一项工作是非常重要的。

园林工程竣工验收流程如下：

（1）在单位工程竣工验收 5 日前，建设单位到园林工程竣工验收备案管理部门领取"园林工程竣工验收备案表"。

同时，建设单位把竣工验收的时间、地点及验收组名单以及各项验收文件及报告，书面报送负责监督该项工程的质量监督部门，准备对该工程竣工验收进行监督。

（2）自工程竣工验收合格之日起 15 个工作日之内，建设单位要将"园林工程竣工验收备案表"一式两份与竣工验收备案文件一起报送园林工程竣工验收备案管理部门，经备案工作人员初审验证符合要求后，在表中备案意见栏加盖"备案文件收讫"章。

（3）园林工程质量监督机构在工程竣工验收合格后 5 个工作日之内，向工程竣工验收备案管理部门报送"工程质量监督报告"。

（4）备案管理部门负责人审阅"园林工程竣工验收备案表"与备案文件，当符合要求后，在表中填写"准予该工程竣工验收备案"意见，加盖"园林工程竣工验收备案专用章"。备案管理部门要将一份备案表发给建设单位，一份备案表及全部备案资料与"工程质量监督报告"留存档案。

（5）建设单位报送的"园林工程竣工验收备案表"与竣工验收备案文件，若不符合要求，则备案工作人员应填写《备案审查记录表》，提出备案资料所存在的问题，双方签字后，交由建设单位整改。

（6）建设单位按照规定，对存在的问题进行整改及完善，当符合要求之后重新报送备案管理部门备案。

（7）备案管理部门根据"工程质量监督报告"或其他方式，发现在工程竣工过程中存在违反国家建设工程质量管理规定行为的，应当在收讫工程竣工验收文件 15 个工作日之内，责令建设单位停止使用，并且重新组织竣工验收。另外，建设单位在重新组织竣工验收前，工程不得自行投入使用，违者则按有关规定处理。

（8）建设单位若采用虚假证明文件办理竣工验收备案，则该工程竣工验收无效，责令其停止使用，重新组织竣工验收，并按相关规定进行处理。

（9）建设单位若在工程竣工验收合格后 15 日之内，没有办理工程竣工验收备案，责令其限期办理，并按相关规定处理。

园林工程竣工验收备案的流程，如图 4-1 所示。

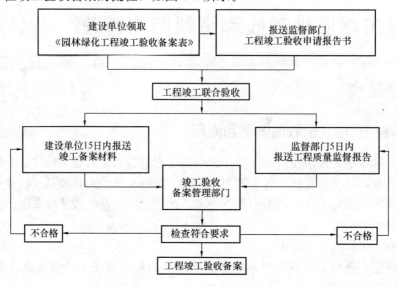

图 4-1　园林工程竣工验收备案流程图

4.1.2　园林工程竣工验收的依据、标准

1. 竣工验收依据

园林绿化工程竣工验收的依据主要有：

（1）有关主管部门对本工程的审批文件。

（2）施工合同。

（3）全部施工图纸及说明文件。

（4）设计变更、工程洽商等文件。

（5）材料等统计明细表及证明文件。

（6）国家颁发的相关验收规范及其他相关质量评定的标准文件。

（7）其他有关涉及竣工验收的文件。

2. 竣工验收标准

（1）工程项目根据合同的规定和设计图纸的要求已全部施工完毕，达到国家规定的质量标准，能符合绿地开放与使用的要求。

（2）施工现场已全面竣工清理，符合验收要求。

（3）技术档案、资料要齐全。

4.1.3　竣工预验收

施工单位对建设工程进行自检并认为各项指标已满足竣工验收要求，就可申报对工程进行竣工验收。预验收就是指从申报之日起至正式验收前这段时间内所安排的工程验收。预验收的程序通常为：监理方指出验收方案→将方案告之建设方、设计方与施工方→各方分析、熟悉验收方案→组织验收前培训→进行预验收。

1. 预验收主要检查的内容

(1) 工程项目的开工、竣工报告。

(2) 图纸会审以及技术交底的各种材料。

(3) 施工中设计变更记录及材料变更记录。

(4) 施工质量检查资料及处理情况。

(5) 各种施工材料、设备、构件与机械的质量合格证书。

(6) 所有检验、测试材料。

(7) 中间检查记录、施工任务单与施工日记。

(8) 施工质量评检报告。

(9) 竣工图、竣工报告。

(10) 施工方案或施工组织设计、施工承包合同。

(11) 特殊条件下施工记录及相关材料。

2. 竣工预验收程序

(1) 若工程施工已达到基本验收条件，则项目监理部总监理工程师组织各专业监理工程师对各专业工程进行检查验收。若发现问题，向承包单位签发《监理通知》（见表4-1），要求立即整改，并在整改后进行复检签认。

监 理 通 知　　　　　　　　　　　　　　表 4-1

工程名称	××园林绿化工程	编号	××××
地　点	××××	日期	××××

致××园林园艺公司（承包单位）：

问题：

有关树木种植工程的质量问题

内容：

经我项目经理部的监理人员的巡检发现，树木种植工程中树木种植歪斜现象，并口头对现场施工人员提出要求，但未得到施工人员的重视。

为此特发通知，要求施工单位对此项目的质量进行认真复查，并将结果报项目监理部。

监理工程师（签字）：×××
监理单位名称：××监理公司
总监理工程师（签字）：×××

注：1. 在监理工作中，项目监理机构按委托监理合同授予的权限，对承包单位发出指令、提出要求，除另有规定外，均应采用此表。监理工程师现场发出的口头指令及要求，也应采用此表予以确认。

2. 监理通知，承包单位应签收和执行，并将执行结果用《监理通知回复单》（见表4-2）报监理机构复核。

3. 事由：指通知事项的主题。

4. 内容：在监理工作中，项目监理机构按委托监理合同授予的权限，对承包单位所发出的指令提出要求。针对承包单位在工程施工中出现的不符合设计要求、不符合施工技术标准、不符合合同约定的情况及偷工减料、使用不合格的材料、构配件和设备，纠正承包单位在工程质量、进度、造价等方面的违规、违章行为。

5. 承包单位对监理工程师签发的监理通知中的要求有异议时，应在收到通知后24小时内向项目监理机构提出修改申请，要求总监理工程师予以确认，但在未得到总监理工程师修改意见前，承包单位应执行专业监理工程师下发的《监理通知》。

6. 重要监理通知应由总监理工程师签署，监理单位及有关单位各存一份。

<table>
<tr><td align="center">监理通知回复单</td><td align="right">表 4-2</td></tr>
</table>

工程名称：   编号：

致 _____（项目监理机构） 我方接到编号为：_____的监理通知单后，已按要求完成相关工作，请予以复查。 附件：需要说明的情况 我项目部接到监理通知后，立即组织人员对现场已完成的工程进行了全面质量检查，共发现 15 处，并立即整改处理，保证今后在施工中严格控制施工质量，确保工程质量目标的实现。   <div align="right">施工项目经理部（盖章） 项目经理（签字） 年　月　日</div>
复查意见 同意复查意见。   <div align="right">项目监理机构（盖章） 总监理工程师/专业监理工程师（签字） 年　月　日</div>

　　注：本表一式三份，项目监理机构、建设单位、施工单位各一份。

　　（2）需要进行功能验收的工程项目，承包单位应在建设单位、监理工程师在场的前提下进行试验，并报告试验结果，必要时请设计单位或设备厂家参加。

　　（3）总监理工程师组织预验收。

　　1）要求承包单位填写《单位工程竣工预验收报验表》（见表 4-3）并附相应竣工资料报送项目监理部，申请竣工预验收。

工程名称	××园林绿化工程	编号	××××
地　　点	××××	日期	××××

致：××监理公司（监理单位）：

我方已按合同要求完成了××园林绿化工程，经自检合格，请予以检查和验收。

附件：

单位工程竣工资料

承包单位名称：××园林园艺公司　　　　　　　　　　　　　　　项目经理（签字）：×××

审查意见：

经预验收，该工程：

1. ☑符合□不符合　我国现行法律、法规要求；

2. ☑符合□不符合　我国现行工程建设标准；

3. ☑符合□不符合　设计文件要求；

4. ☑符合□不符合　施工合同要求。

综上所述，该工程预验收结论：☑合格　□不合格；

可否组织正式验收：　　　　　☑可□否

监理单位名称：××监理公司　　　总监理工程师（签字）：×××　　　　　日期：××××

注：1. 施工单位在单位工程完工，经自检合格并达到竣工验收条件后，填写《单位工程竣工预验收报表》，并附相应的竣工资料（包括分包单位的竣工资料）报项目监理部，申请工程竣工预验收。单位工程竣工资料应包括《分部（子分部）工程质量验收记录》、《单位（子单位）工程质量控制资料核查记录》、《单位（子单位）工程安全和功能检验资料核查及主要功能抽查记录》、《单位（子单位）工程观感质量检查记录》等。

2. 总监理工程师组织项目监理部人员与承包单位根据现行有关法律、法规、工程建设标准、设计文件及施工合同，共同对工程进行检查验收。对存在的问题，应及时要求承包单位整改。整改完毕验收合格后由总监理工程师签署《单位工程竣工预验收报验表》。

3. 本表由承包单位填报，建设单位、监理单位、承包单位各存一份。

2）总监理工程师组织项目监理部监理人员，对竣工资料进行核查，并督促承包单位做到资料完善。

3）总监理工程师组织监理工程师以及承包单位，共同对工程项目进行检查预验收。工程竣工结算程序框图（如图 4-2 所示）。

4）对于预验收合格的工程，由总监理工程师签署《单位工程竣工预验收报验表》（见表 4-3）。

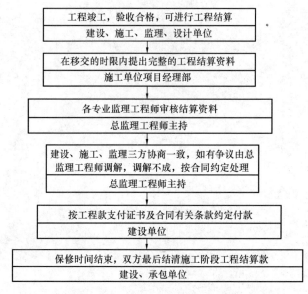

图 4-2　工程竣工结算程序框图

4.1.4　竣工验收移交

1. 竣工验收移交

（1）预验收合格之后，经总监理工程师签署质量评估报告。其中报告主要内容是：工程概况，承包单位基本情况，主要采取的施工方法，各类工程质量状况，施工中发生过的质量事故与主要质量问题及其原因分析与处理结果，总体综合评估意见。整理监理资料，书面通知建设单位可以组织正式竣工验收。

（2）参加建设单位组织的竣工验收。对于验收中提出的整改问题，项目监理部应要求承包单位进行整改。当工程质量符合质量要求之后由总监理工程师会同参加验收各方签认。

（3）办理竣工结算手续。

（4）竣工验收后，总监理工程师和建设单位代表共同签署《竣工移交证书》（见表4-4），监理单位和建设单位盖章后，送承包单位一份。

2. 技术资料移交

园林工程建设的技术资料是工程档案的重要部分，所以在正式验收时应该提供较完整的技术档案。技术资料包括建设单位、监理单位以及施工单位三方面的来源，统一由施工单位整理，交给监理工程师校对审阅，确定满足要求后，再由承接施工单位按要求装订成册，备足份数，统一验收保存，具体内容见表 4-5。

表 4-4

工程名称	××园林绿化工程	编号	××××
地　点	××××	日期	××××

致：××建筑工程公司（建设单位）：

　　兹证明承包单位××建筑公司按施工合同的全部内容施工的××园林工程，已按施工合同的要求完成，并验收合格，即日起该工程移交建设单位管理，并进入保修期。

附件：单位工程验收记录

总监理工程师（签字）	监理单位（章）
××× 日期：××年×月×日	日期：××年×月×日
建设单位代表（签字）	建设单位（章）
××× 日期：××年×月×日	日期：××年×月×日

注：1. 工程竣工验收完成后，由项目总监理工程师及建设单位代表共同签署《竣工移交证书》，并加盖监理单位、
建设单位公章。
2. 建设单位、承包单位、监理单位、工程名称均应与施工合同所填写的名称一致。
3. 工程竣工验收合格后，本表由监理单位负责填写，总监理工程师签字，加盖单位公章；建设单位代表签字
并加盖建设单位公章。
4. 附件："单位工程质量竣工验收记录"应由总监理工程师签字，加盖监理单位公章。
5. 日期应写清楚，表明即日起该工程移交建设单位管理，并进入保修期。

149

工程阶段	移交档案资料内容
项目准备及施工准备	①申请报告，批准文件 ②有关建设项目的决议、批示、会议记录 ③可行性研究，方案论证资料 ④征用土地、拆迁、补偿等文件 ⑤工程地质（含水文、气象）勘察报告 ⑥概预算 ⑦承包合同、协议书、招投标文件 ⑧企业执照及规划、园林、消防、环保、劳动等部门审核文件
项目施工	①开工报告 ②工程测量定位记录 ③图纸会审、技术交底 ④施工组织设计等材料 ⑤基础处理、基础工程施工文件 ⑥施工成本管理的有关资料 ⑦建筑材料、构配件、设备质量保证单及进场试验记录，绿化苗木、花草质量检验单 ⑧栽植的植物材料名录、栽植地点及数量清单 ⑨各类植物材料已采取的养护措施及方法 ⑩古树名木的栽植地点、数量、已采取的保护措施等 ⑪假山等非标工程的养护措施及方法 ⑫水、电、暖、气等管线及设备安装工程记录和检验记录 ⑬工程变更通知单、技术核定单及材料代用单 ⑭工程质量事故的调查报告及所采取的处理措施记录 ⑮分项、单项工程（包括隐蔽工程）质量验收、评定记录 ⑯项目工程质量检验评定及当地工程质量监督站核定的记录 ⑰其他材料（如施工日志、施工现场会议记录）等 ⑱竣工验收申请报告
竣工验收	①竣工项目的验收报告 ②竣工决算及审核文件 ③竣工验收的会议文件、会议决定 ④竣工验收质量评价 ⑤工程建设的总结报告 ⑥工程建设中的照片、录像以及领导、名人的题词等 ⑦竣工图（含土建、设备、水、电、暖、绿化种植等平面图、效果图、断面图）

3. 其他移交

为保证工程在生产或使用中保持正常运行，监理工程师还应督促做好以下移交工作：

（1）提供使用保养提示书，园林工程中的一些设施、仪器设备等的使用性能以及正确使用的操作、维护措施。

（2）交接附属工具配件及备用材料。

（3）各类使用说明书以及装配图纸资料。

（4）厂商及总、分包承接单位明细表，便于以后在使用过程中出现问题能找到施工人员了解情况或维修。

（5）抄表，工程交接中，监理工程师应协助建设单位与承接施工单位做好水表、电表以及机电设备内存油料等数据的交接，便于双方财务往来结算。

4.2 园林工程资料案卷封面与目录

4.2.1 园林工程资料案卷封面

工程资料案卷封面（见表 4-6）。案卷封面包括名称、案卷题名、编制日期、编制单位、技术主管（以上由移交单位填写）、保管期限、密级、共_____册 第_____册等（由档案接收部门填写）。

（1）名称：填写工程建设项目竣工后使用名称（或曾用名）。若本工程分为几个（子）单位工程则应在第二行填写（子）单位工程名称。

（2）案卷题名：填写本卷卷名。第一行依据单位、专业及类别填写案卷名称；第二行填写案卷内主要资料内容提示。

（3）编制单位：本卷档案的编制单位，并加盖公章。

（4）技术主管：编制单位技术负责人签名或者盖章。

（5）编制日期：××××填写卷内资料材料形成的起（最早）、止（最晚）日期。

（6）保管期限：由档案保管单位按照本单位的保管规定或相关规定填写。

（7）密级：由档案保管单位根据本单位的保密规定或相关规定填写。

工程资料案卷封面　　　　　　　　　　　　　　表 4-6

工　程　资　料

名　　　称：　　××园林绿化工程　　　

案卷题名：　　园林建筑及附属设施工程施工文件　　

　　　　　　　　隐蔽工程检查记录　　　

编制单位：　　××园林园艺公司　　　

技术主管：　　×××　　　

编制日期：　自××年×月×日起至××年×月×日止

保管期限：＿＿＿＿＿　密级：＿＿＿＿＿

保存档号：＿＿＿＿＿＿＿

共　册　　　第　册

4.2.2 园林工程资料案卷目录

1. 工程资料卷内目录

工程资料卷内目录，见表 4-7。工程资料的卷内目录，内容包括序号、工程资料题名、原编字号、编制单位、编制日期、页次和备注。卷内目录内容应同案卷内容相符，排列在封面之后，原资料目录与设计图纸目录不能代替。

（1）序号：案卷内资料排列先后用阿拉伯数字从 1 开始一次标注。

（2）工程资料题名：填写文字材料及图纸名称，无标题的资料应根据内容拟写标题。

（3）原编字号：资料制发机关的发字号或者图纸原编图号。

（4）编制单位：资料的形成单位或者主要负责单位名称。

（5）编制日期：×××× 资料的形成时间（文字材料为原资料形成日期，竣工图为编制日期）。

（6）页次：填写每份资料在本案卷的页次或者起止的页次。

（7）备注：填写需要说明的问题。

工程资料卷内目录　　　　　　　　　　　　　表 4-7

工程名称				××园林工程			
序号	工程资料名称		原编字号	编制单位	编制日期	页次	备注
1	砂试验报告		×××	×××	××年×月×日	1	
2	石试验报告		×××	×××	××年×月×日	9	
3	外加剂质量证明及实验报告		×××	×××	××年×月×日	18	
4	防水卷材质量证明及试验报告		×××	×××	××年×月×日	26	
5	钢筋质量证明及试验报告		×××	×××	××年×月×日	67	
6	水泥质量证明及试验报告		×××	×××	××年×月×日	105	
7	砌块质量证明及试验报告		×××	×××	××年×月×日	134	

2. 分项目录

（1）分项目录（一）（见表 4-8）适用于施工物资材料的编目，目录内容应包括资料名称、厂名、型号规格、数量以及使用部位等，若有进场见证试验的，应在备注栏中注明。

（2）分项目录（二）（见表 4-9）适用于施工测量记录与施工记录的编目，目录内容包括资料名称、施工部位及日期等。

1）资料名称：填写表格名称或者资料名称；

2）施工部位：应填写测量、检查或者记录的层、轴线以及标高位置；

3）日期：××××填写资料正式形成的年、月、日。

分项目录（一）　　　　　　　　　　　　　　　　表4-8

工程名称		××大厦				物资类别		水泥
序号	资料名称	厂名	品种、型号、规格	数量	使用部位	页次	备注
1	水泥出厂检验报告及28d强度补报单	×××	P·O42.5	100t	基础	1	
2	水泥试验报告	×××	P·O42.5	100t	基础	5	
3	水泥出厂检验报告及28d强度补报单	×××	P·O42.5	56t	园林广场	9	
4	水泥试验报告	×××	P·O32.5	87t	园林小品	13	

本表用于施工物资资料编目。

分项目录（二）　　　　　　　　　　　　　　　　表4-9

工程名称		×××园林绿化工程	物资类别		基础主体结构钢筋工程
序号	施工部位（内容摘要）		日期	页次	备注
1	基础底板钢筋绑扎		××年×月×日	1	
2	地下二层墙体钢筋绑扎		××年×月×日	3	
3	地下二层墙体钢筋绑扎		××年×月×日	3	
4	地下一层墙体钢筋绑扎		××年×月×日	6	
5	地下一层墙体钢筋绑扎		××年×月×日	5	

本表适用于施工测量记录、施工记录的编目。

3. 工程资料卷内备考表

工程资料卷内备考表（见表4-10）。内容包括卷内文字材料张数、图样材料张数以及照片张数等，立卷单位的立卷人、审核人及接收单位的审核人及接收人应签字。

工程资料卷内备考表 表4-10

本案卷已编号的文件材料共<u>260</u>张，其中：文字材料<u>226</u>张，图样材料<u>26</u>张，照片<u>8</u>张。 立卷单位对本案卷完整准确情况的审核说明：   **本案卷完全正确。**   　　　　　　　　　　　　　　　　　　立卷人：×××　　　日期：××年×月×日 　　　　　　　　　　　　　　　　　　审核人：×××　　　日期：××年×月×日
保存单位的审核说明：   **工程资料齐全、有效，符合规定要求。**   　　　　　　　　　　　　　　　　　　立卷人：×××　　　日期：××年×月×日 　　　　　　　　　　　　　　　　　　审核人：×××　　　日期：××年×月×日

（1）案卷审核备考表分为上下两栏，上一栏由立卷单位填写，下一栏则由接受单位填写。

（2）上栏应表明本案卷一编号资料的总张数：指的是文字、图纸、照片等的张数。

审核说明填写立卷时资料的完整与质量情况，以及应归档而却缺少的资料的名称及缺少原因；立卷人有责任立卷人签名；审核人有案卷审查人签名；年月日要按立卷、审核时间分别填写。

154

（3）下栏由接收单位依据案卷的完成及质量情况标明审核意见。

技术审核人由接收单位工程档案技术审核人签名；而档案接收人则由接收单位档案管理接收人签名；年月日要按审核、接收时间分别填写。

4. 工程资料移交书

园林工程资料移交书，见表 4-11。

工程资料移交书 表 4-11

工程资料移交书
××园林园艺公司（全称）按有关规定向××集团开发有限公司（全称）办理××园林绿化工程资料移交手续。共计三套66 册。其中图样材料25 册，文字材料 31 册，其他材料__/__张（ ）。   附：工程资料移交目录   移交单位（公章）：　　　　　　　　接收单位（公章）：   单位负责人：×××　　　　　　　　单位负责人：×××   技术负责人：×××　　　　　　　　技术负责人：×××   移交人：×××　　　　　　　　　　接收人：×××   　　　　　　　　　　　　　　　　　移交日期：××年×月×日

5. 工程资料移交目录

工程资料移交目录，见表 4-12 所示。

工程资料移交目录　　　　　　　　　　　　　　　　　　　表 4-12

工程项目名称：××园林绿化工程

序号	案卷题名	数量						备注
		文字材料		图样资料		综合卷		
		册	张	册	张	册	张	
1	施工资料—施工管理资料	1	20					
2	施工资料—施工技术资料	2	208					
3	施工资料—施工测量资料	1	90					
4	施工资料—施工物质资料	4	310					
5	施工资料—施工记录	3	209					
6	施工资料—施工质量验收记录	1	23					
7	园林建筑及附属设施竣工图			2	55			
8	园林给水排水竣工图			1	28			
9	园林用电竣工图			1	22			

4.3 城市建设档案封面和目录

4.3.1 园林城建档案资料案卷封面

城市建设档案封面，见表 4-13。表中注明工程名称、案卷编号、编制单位、技术主管、保存期限、档案密级等。

城市建设档案案卷封面 表 4-13

档案馆代号：

城市建设档案

名　　称：　　×× 园林绿化工程　　　　

案卷题名：　 园林建筑及附属设施工程施工文件　

　　　　　　　 隐蔽工程检查记录　　　　　

编制单位：　 ×× 园林园艺公司　　　　

技术主管：　　　　 ×××　　　　　

编制日期：自 ×× 年 × 月 × 日起至 ×× 年 × 月 × 日止

保管期限：　　　　　　　　密级：　　　　　　

保存档号：　　　　　　　　　　　　　　　　

共　册　　第　册

4.3.2 园林城建档案资料案卷目录

1. 城建档案卷内目录

城建档案卷内目录，见表 4-14。使用时，内容包括顺序号、文件材料题名、原编字号、编制单位、编制日期、页次、备注等。

城建档案卷内目录 表 4-14

序号	文件材料题名	原编字号	编制单位	编制日期	页次	备注
1	图纸会审记录	××	××园林园艺公司	××年×月×日	1～7	
2	工程洽商记录	××	××园林园艺公司	××年×月×日	8～23	
3	工程定位测量记录	××	××园林园艺公司	××年×月×日	23～25	
4	基槽验线记录	××	××园林园艺公司	××年×月×日	26	
5	钢材试验报告	××	××园林园艺公司	××年×月×日	27～69	
6	水泥试验报告	××	××园林园艺公司	××年×月×日	70～92	
7	砂试验报告	××	××园林园艺公司	××年×月×日	93～113	
8	预拌混凝土出厂合格证	××	××混凝土公司	××年×月×日	114～156	
9	地基验槽检验记录	××	××园林园艺公司	××年×月×日	157	
10	隐蔽工程检查记录	××	××园林园艺公司	××年×月×日	158～285	
11	钢筋连接试验报告	××	××园林园艺公司	××年×月×日	286～294	
12	混凝土试块强度统计、评定记录	××	××园林园艺公司	××年×月×日	295～307	

2. 城市建设档案案卷审核备考表

城市建设档案案卷审核备考表，见表 4-15。

本案卷已编号的文件材料共<u>230</u>张，其中：文字材料<u>210</u>张，图样材料<u>15</u>张，照片<u>5</u>张。

对本案卷完整、准确情况的说明：

本案卷完整准确。

立卷人：×××　　　　××年×月×日

审核人：×××　　　　××年×月×日

接收单位（档案馆）的审核说明：

工程资料齐全、有效、符合规定要求。

技术审核人：×××　　　　××年×月×日

档案接收人：×××　　　　××年×月×日

3. 城市建设档案移交书

城市建设档案移交书，见表 4-16。

城市建设档案移交书

××集团开发有限公司（全称）向××市城市建设档案馆移交<u>××园林绿化工程</u>档案共计<u>　16　</u>册。其中：图样材料<u>5</u>册，文字材料<u>　11　</u>册，其他材料<u>　／　</u>张（　）。

附：城市建设档案移交目录一式三份，共 3 张。

移 交 单 位：×××　　　　　　　　接 收 单 位：×××

单位负责人：×××　　　　　　　　单位负责人：×××

移 交 人：×××　　　　　　　　接 收 人：×××

移交日期：××年×月×日

4. 城市建设档案微缩品移交书

城市建设档案微缩品移交书，见表 4-17。

城市建设档案微缩品移交书

　　<u>××集团开发有限公司（全称）</u>向××市城市建设档案馆移交<u>××园林绿化</u>工程缩微品档案。档案号 <u>××××</u>，微缩号 <u>××</u>。卷片共 <u>××</u> 盘，开窗卡 <u>××</u> 张。其中母片：卷片共 <u>××</u> 盘，开窗卡 <u>××</u> 张。拷贝片：卷片共 <u>×</u> 套 <u>×</u> 盘，开窗卡 <u>×</u> 套 <u>×</u> 张。缩微原件共 <u>25</u> 册，其中文字材料 <u>17</u> 册，图样材料 <u>8</u> 册，其他材料二册。

　　附：城市建设档案微缩品移交目录

移交单位（公章）：×××接　　　　　　　收单位（公章）：×××

单位负责人：×××　　　　　　　　　　单位负责人：×××

移交人：×××　　　　　　　　　　　　接收人：×××

　　　　　　　　　　　　　　　　　　　　移交日期：××年×月×日

5. 城市建设档案移交目录

城市建设档案移交目录，见表4-18。

城市建设档案移交目录　　　　　　　　　　　　　　表 4-18

序号	工程项目名称	案卷题名	形成年代	文字材料		图样材料		综合卷		备注
				册	张	册	张	册	张	
1	××园林绿化工程	基建文件	××年×月	1	167					
2	××园林绿化工程	监理文件	××年×月	1	115					
3	××园林绿化工程	工程管理与验收施工文件	××年×月	1	46					
4	××园林绿化工程	园林建筑及附属设施工程施工文件	××年×月	4	359					
5	××园林绿化工程	园林给水排水施工文件	××年×月	2	219					
6	××园林绿化工程	园林用电施工文件	××年×月	2	274					
7	××园林绿化工程	园林建筑及附属设施竣工图	××年×月			3	72			
8	××园林绿化工程	园林给水排水竣工图	××年×月			2	33			
9	××园林绿化工程	园林用电竣工图	××年×月			2	31			

4.4　竣工图

竣工图是建设工程竣工档案中最重要部分，是建筑物真实的写照，是工程建设完成后主要凭证性材料，是工程竣工验收的必备条件，是工程维修、管理、改造、扩建的依据，因此，各项新建、改建、扩建项目都必须编制竣工图，竣工图可以由建设单位委托施工单位、监理单位或设计单位进行绘制。

1. 竣工图的基本要求

（1）竣工图均按单位工程进行整理。

（2）竣工图应加盖竣工图章或者绘制竣工图签，竣工图图签用于绘制的竣工图。竣工图图章用于施工图改绘的竣工图及二底图改绘的竣工图。

竣工图图签除具备竣工图章上的内容外，还应有工程名称、图名、图号以及工程号等项内容（如图4-3所示）。

竣工图签应有明显的"竣工图"标识。其中包括有编制单位名称、制图人、审核人、技术负责人以及编制日期等内容。而编制单位、制图人、审核人以及技术负责人要对竣工图负责（如图4-4所示）。实施监理的工程，应有监理单位名称、现场监理、总监理工程

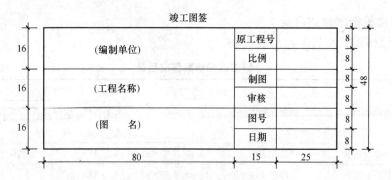

图 4-3 竣工图签（单位：mm）

师等标识（如图 4-5 所示）。监理单位、总监理以及现场监理应对工程档案的监理工作负责。

（3）凡工程现状与施工图不相符的内容，均须根据工程现状清楚、准确地在图纸上予以修正。如在工程图纸会审、设计交底时修改的内容、工程洽商或设计变更修改的内容，施工过程中建设单位是施工单位双方协商修改（无工程洽商）的内容等均要如实地绘制在竣工图上。

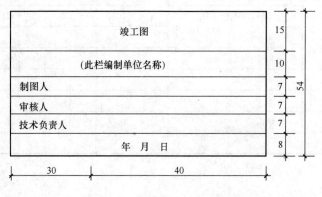

图 4-4 竣工图章（甲）（单位：mm）

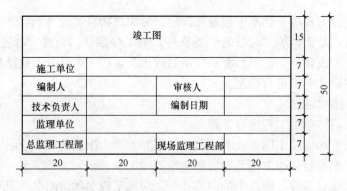

图 4-5 竣工图章（乙）（单位：mm）

（4）专业竣工图应包括各部位、各专业深化（二次）设计的相关内容，不得有漏项或重复情况。

（5）凡结构形式改变、平面布置改变、工艺改变、项目改变以及其他重大改变，或者在一张图纸上改动部位超过 1/3 以及修改后图面混乱、分辨不清的图纸均应重新绘制。

（6）管线竣工测量资料的测点编号、数据及反映的工程内容都要编绘在竣工图上。

（7）编绘竣工图，必须要采用不褪色的黑色绘图墨水。

2. 竣工图的编制

（1）竣工图类型

1）重新绘制的竣工图。

2）在二底图（底图）上修改的竣工图。

3）利用施工图改绘的竣工图。

以上三种类型的竣工图报送底图、蓝图均可。

（2）重新绘制的竣工图

工程竣工后，按照工程实际重新绘制竣工图、虽然工作量大，但能保证质量。

1）重新绘制时，要求原图内容完整无误，并且修改内容也必须准确、真实地反映在竣工图上。绘制竣工图要按制图规定和要求进行，必须参照原施工图或该专业的统一图示，并在底图的右下角绘制竣工图图签。

2）各种专业工程的总平面位置图，比例尺通常采用 1：500～1：10000。管线平面图，比例尺通常采用 1：500～1：2000。要以地形图为依托，摘要地形、地物标准坐标数据。

3）改、扩建及废弃管线工程在平面图上的表示方法：

①利用原建管线位置进行改造、扩建管线工程，要表示出原建管线的走向、管材及管径，表示方法采用加注符号或文字说明。

②随新建管线而废弃的管线，无论是否要移出埋设现场，都应在平面图上加以说明，并注明废弃管线的起、止点坐标。

③新、旧管线勾头连接时，应标明连接点的位置（桩号）、高程及坐标。

4）管线竣工测量资料及其在竣工图上的编绘。

竣工测量的测点编号、数据及反映的工程内容（指设备点、变径点、折点、变坡点等）应与竣工图相对应一致。并绘制检查井、小室、管件、入孔、进出口、预留管（口）位置、与沿线其他管线、设施相交叉点等。

5）重新绘制竣工图可以整套图纸重绘，也可以部分图纸重绘，也可以是某几张或一张图纸重新绘制。

（3）在二底图（底图）上修改的竣工图

在用施工蓝图或设计底图复制的二底图或原底图上，把工程洽商以及设计变更的修改内容进行修改，而修改之后的二底（硫酸纸）图晒制的蓝图作为竣工图则是一种常用的竣工图绘制方法。

1）在二底图上修改，要求在图纸上做一修改备考表（见表 4-19），备考表的内容为洽商变更编号、修改内容、责任人以及日期。

2）修改的内容应与工程洽商和设计变更的内容相一致，主要简要的注明修改部位与基本内容，实施修改的责任人要签字并注明修改日期。

3）二底图（底图）上的修改采用刮改方式，凡修改后无用的数字、文字、符号、线段均应刮掉，而增加的内容需全部准确的绘制在图上。

洽商编号	修改内容	修改人	日期

4）当修改后的二底图（底图）晒制的蓝图作为竣工图时，要在蓝图上加盖竣工图章。

5）如果在二底图（底图）上修改的次数较多，一些个别图面如出现模糊不清等质量问题，则需进行技术处理或重新绘制，以期满足图面整洁、字迹清楚等质量要求。

（4）利用施工图改绘的竣工图

1）改绘方法。具体的改绘方法可根据图面、改动范围和位置、繁简程度等实际情况而定。比较常用的改绘方法有杠改法、叉改法、补绘法、补图法以及加写说明法。

①杠改法。就是在施工蓝图上将取消或修改前的文字、数字、符号等内容用一横杠杠掉（不是涂改掉），在适当的位置补上修改的内容，并用带箭头的引出线标注其修改依据，即"见××年××月××日洽商×条"或"见×号洽商×条"（如图 4-6 所示），常用于文字、数字、符号的改变或取消。

②叉改法。就是在施工蓝图上将去掉和修改前的内容，打叉表示取消，在实际位置补绘修改后的内容，并用带箭头的引出线编注修改依据，常用于线段图形、图表的改变与取消，具体修改如图 4-7 所示。

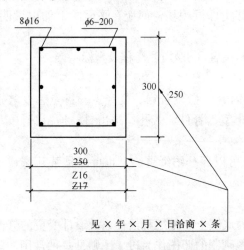

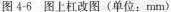

图 4-6　图上杠改图（单位：mm）

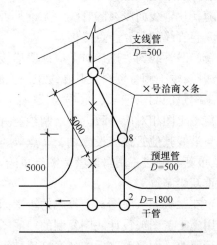

图 4-7　原图上直接叉改图（单位：mm）

③补绘法。就是在施工蓝图上将增加的内容按实际位置绘出，或者某一修改后的内容在图纸的绘大样图修改，并用带箭头的引出线在应修改部分和绘制的大样图处标注其修改依据。适用于设计增加的内容或设计时遗漏的内容，在原修改部位修改有困难，需另绘大样修改。具体修改意见如补绘大样图（如图 4-8 所示）。

④补图法。就是当某一修改内容在原图无空白处修改时，把应改绘的部位绘制成补图，补在本专业图纸之后。具体做法是在应修改的部位注明其修改范围及修改依据，在修

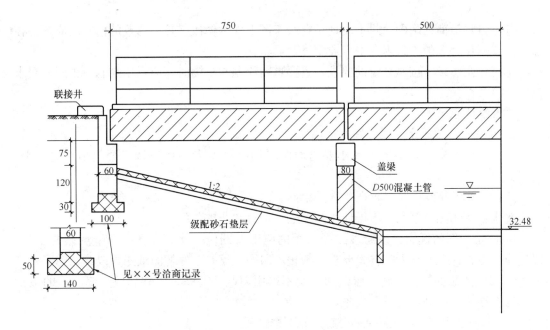

图 4-8　在图纸空白位置补绘大样图（单位：mm）

改的补图上要绘图签，标明图名、图号以及工程号等内容，并在说明中注明是某图某部位的补图，并要写清楚修改依据。通常适用于难在原修改部位修改与本图又无空白处时某一剖面图大样图或改动较大范围的修改。

⑤加写说明法。凡工程洽商或设计变更的内容应该在竣工图上修改的，都应该用作图的方法改绘在蓝图上，一律不再加写说明，若经修改之后的图纸仍然有一些内容没有表示清楚，则可用精练的语言适当加以说明。通常适用于说明类型的修改、修改依据的标注等。

2）改绘竣工图应注意的几个问题。

①原施工图纸目录必须加盖竣工图章，作为竣工图归档，凡有作废的图纸、补充的图纸、修改的图纸、增加的图纸，都要在原施工图目录上标注清楚。即作废的图纸在目录上杠掉，补充、增加的图纸在目录上列出图号、图名。

②按照施工图施工而没有任何变更的图纸，可在原施工图上加盖竣工图章，作为竣工图。

③若某一张施工图由于改变大，而设计单位重新绘制了修改图的，应以修改图代替原图，原图则不再归档。

④凡是由洽商图作为竣工图的，必须要进行必要的制作。

若洽商图是按正规设计图纸要求进行绘制的可以直接作为竣工图，但需进行统一编写图名图号，并加盖竣工图章，作为补图。在图纸说明中不仅注明此图是哪图哪个部位的修改图，还要在原图修改部位标注修改范围，并标明见补图的图号。

若洽商图未按正规设计图纸要求绘制的，应按制图规定另行绘制竣工图，其余的要求同上。

⑤某一洽商可能会涉及两张或两张以上图纸，某一局部变化可能导致系统变化，所以凡涉及的图纸及部位均应按规定修改，不能只改其一，不改其二。

165

⑥不得将洽商的附图原封不动地贴在竣工图上作为修改。凡是修改的内容均应改绘在蓝图上或用作补图的方式附在本专业图纸之后。

⑦某一张图纸，按照规定的要求，需要重新绘制竣工图时，应根据绘制竣工图的要求制图。

⑧改绘注意事项：

a. 修改时，关于字、线、墨水使用的规定：

字：采用仿宋字，字体的大小要与原图采用字体的大小相协调，严禁出现错、别、草字。

线：一律使用绘图工具，严禁徒手绘制。

墨水：使用黑色墨水。不得使用圆珠笔、铅笔和非黑色墨水。

b. 改绘用图的规定：改绘竣工图所用的施工蓝图应一律为新图，图纸反差要明显，以适应缩微、计算机输入等技术要求。禁止用旧图、反差不好的图纸作为改绘用图。

c. 修改方法的规定：施工蓝图的改绘不得用刀刮、补贴等方式修改，修改后的竣工图不得有涂抹、污染、覆盖等现象。

d. 修改内容以有关说明均不得超过原图框。

(5) 竣工图章（签）

1）竣工图章（签）应具有明显的"竣工图"字样，并要包含有编制单位名称、制图人、审核人、技术负责人以及编制日期等项内容，如图4-4所示。若工程监理单位实施对工程档案编制工作进行监理，则在竣工图章上还应有监理单位名称、现场监理以及总监理工程师等项内容，如图4-5所示。应根据规定的格式与大小制作竣工图图章。竣工图图签也可以依据竣工图图章的内容进行绘制，但要加入工程名称、图名、图号及注意保留原施工图工程号、原图编号等项目内容（如图4-3所示）。

2）竣工图章（签）的位置。重新绘制的竣工图应要绘制竣工图签，图签位置在图纸右下角。

用施工图改绘的竣工图，应把竣工图章加盖在原图签右上方，若此处已有内容，则可在原图签附近空白处加盖，若原图签周围均有内容，则可找一内容比较少的位置加盖。

用二底图修改的竣工图，应将竣工图章盖在原图签右上方。

3）竣工图章（签）是竣工图的标志及依据，要按照规定填写图章（签）上各项内容。加盖竣工图章（签）后，原施工图则转化为竣工图，竣工图的编制单位、审核人、制图人、技术负责人以及监理单位均要对本竣工图负责。

4）原施工蓝图的封面、图纸目录也要加盖竣工图章，作为竣工图归案，并放在各专业图纸之前。重新绘制的竣工图的封面、图纸目录，可不必绘制竣工图签。

参 考 文 献

［1］ 国家标准.《建设工程监理规范》GB/T 50319—2013［S］. 北京：中国建筑工业出版社，2013.

［2］ 国家标准.《建设工程文件归档整理规范》GB/T 50328—2001［S］. 北京：中国建筑工业出版社，2002.

［3］ 崔奉卫，张柏主编.《园林工程资料编制必读》［M］. 天津：天津大学出版社，2011.

［4］ 虞德平主编.《园林绿化施工技术资料编制手册》［M］. 北京：中国建筑工业出版社，2006.